电石安全生产

节能技术与工艺

江 军 主编

化学工业出版社

·北京·

本书介绍了电石生产原料、原料生产工艺、电石生产主要设备、电石生产各岗位安全操作法、电气仪表与自动化知识、环境保护与能源管理、质量控制措施、电石生产安全知识等内容，涉及电石生产的全流程。本书立足节能减排和企业安全管理，收入各岗位标准操作法、各岗位危险源辨识等关键技术内容，工程应用性强。

　　本书可作为电石行业职工技术培训用书，也可供高职高专相关专业教学参考。

图书在版编目（CIP）数据

电石安全生产节能技术与工艺/江军主编. —北京：
化学工业出版社，2020.1
ISBN 978-7-122-35891-2

Ⅰ.①电…　Ⅱ.①江…　Ⅲ.①碳化钙-安全生产
Ⅳ.①TQ161

中国版本图书馆 CIP 数据核字（2019）第 274727 号

责任编辑：赵卫娟　　　　　　　　　　　装帧设计：刘丽华
责任校对：王　静

出版发行：化学工业出版社（北京市东城区青年湖南街 13 号　邮政编码 100011）
印　　刷：三河市航远印刷有限公司
装　　订：三河市宇新装订厂
787mm×1092mm　1/16　印张 15¼　字数 329 千字　　2020 年 3 月北京第 1 版第 1 次印刷

购书咨询：010-64518888　　　　　　　　售后服务：010-64518899
网　　址：http://www.cip.com.cn
凡购买本书，如有缺损质量问题，本社销售中心负责调换。

定　　价：78.00 元　　　　　　　　　　　　　　版权所有　违者必究

编委会

主　　编：江　军

编　　委：冯召海　王志国　李　欢　火兴泰　金　茂　王文明
　　　　　董博峰　栾会东　常　亮　齐晓虎

编写人员（按照姓氏拼音排序）：
　　　　　陈军鹏　邓富勤　韩春虎　何小艳　胡文军　黄万鹏
　　　　　雷小武　李金龙　李永红　刘　奎　吕建军　马部雄
　　　　　穆占虎　宁美玲　秦国仁　田锦锋　王军昌　王志全
　　　　　武小林　于　龙　张万鹏　张　雪　张志存　赵浪滔
　　　　　朱亚松

参与人员（按照姓氏拼音排序）：
　　　　　常志旭　盖　辉　胡康宁　巨连章　李志刚　连艳娥
　　　　　马　亮　潘秀梅　任正亨　唐　聪　王　刚　王寅虎
　　　　　王　峥　文学峰　赵　辰　周　阳

序

　　我国的能源特点是"缺油、少气、煤炭资源丰富"，我国西北地区煤炭储量丰富、电力供应充足，发展电石工业具有得天独厚的优势。电石工业顺应我国的能源特点，从"十一五"以来，全国电石生产重心持续向西北转移，产业布局趋向合理，企业大型化、自动化趋势明显，促使资源、资金、技术、人才等生产要素不断集聚，行业竞争力持续增强，节能减排和资源综合利用水平显著提升，产业结构和发展质量持续优化，电石行业形成了绿色、循环、高质量发展的新格局。

　　目前，我国的电石生产装置处于大型化、密闭化、集约化发展的新时期，企业积极尝试自动化和智能化改造，大力提升电石生产重点工序的自动化、智能化、信息化水平，电石出炉机器人、智能输送线、自动卸料等设备正在全行业推广。面对生产装备技术水平的不断提高，"专、精、尖"人才显得比较缺乏，培养更多精通电石工艺、技术和安全管理的人才，成为企业的迫切需要。

　　新疆中泰矿冶有限公司非常重视企业的本质安全，不断加强管理，大力研发智能化、自动化系统，加大扬尘的收集、炉气回收利用、废物的再利用、废水治理等，在安全环保、技术创新、节能降耗、现场管理等方面均走在了行业前列，连续多年获得行业能效"领跑者"荣誉称号，2019年又陆续获得绿色工厂、高新技术企业、国家工信部重点用能行业能效"领跑者"等荣誉称号，累计申报专利达50余项，为电石行业的节能减排贡献了智慧和解决方案。

　　《电石安全生产节能技术与工艺》一书由新疆中泰矿冶有限公司董事长江军主编，主要介绍了电石生产工艺基础、电石生产的原材料控制、原材料加工工艺、电石生产工艺，以及电石生产主要设备、电气仪表、安全管理、环境保护等方面的知识。该书实用性强，可使电石从业者熟知电石的生产工艺、设备特点、岗位操作要领，知晓生产过程中易发生的安全隐患以及防范措施，提高企业安全生产水平。

　　《电石安全生产节能技术与工艺》一书是中泰矿冶有限公司多年电石安全生产管理实践经验的总结，是集体智慧的结晶，对其他电石企业安全平稳生产有非常重要的借鉴意义。

　　　　　　　　　　　　　　　　中国电石工业协会副理事长
　　　　　　　　　　　　　　　　中国石油和化学工业联合会副会长

　　　　　　　　　　　　　　　　2019 年 12 月

前言

碳化钙（以下俗称电石）是重要的化工基础原料，主要用于聚氯乙烯树脂生产。传统的电石生产过程具有耗能高、污染大、风险高、劳动强度大、自动化水平低等特点。为了秉承"绿水青山就是金山银山"的绿色发展理念，大批技术、规模、能耗、环保不达标的装置陆续被停产关闭，迫使电石行业必须向绿色、循环、高质量方向转型。

近年来，中泰矿冶始终坚持"创新、协调、绿色、开发、共享"的发展理念，合理利用废气、废水、废渣，实现循环利用、变废为宝，致力于打造创新、安全、绿色、节能的"智慧化园区"。2013年被工信部、中国电石工业协会授予"全国密闭式电石炉生产示范基地"；2014年至今连续五年被评为"全国电石生产能效领跑单位"；2019年获得工信部颁发的重点用能行业"能效领跑者"，新疆维吾尔族自治区"绿色工厂"、"高新技术企业"等多项荣誉，推动了电石行业安全健康、持续绿色发展。

随着5G时代的到来，如何使传统行业走向智慧发展的高质量之路，中泰矿冶不断加大安全、节能技术创新力度，在现场管理、技术水平、工艺单耗方面均达到了国内先进水平，公司借智引力研发的出炉机器人、气力输送、净化灰焚烧、智能行车、智慧巡检等创新技术解决了多项行业难题，将企业的节能降耗"最后一公里"、本质化安全做到了极致。

《电石安全生产节能技术与工艺》一书是中泰矿冶有限公司多年电石生产管理经验的总结，主要对电石生产的原材料控制、原材料加工工艺、电石生产工艺、电石生产设备及岗位操作法、电气仪表、环保与能源管理以及安全管理等进行了详细的论述，对其他电石企业培训学习有很好的借鉴意义。

"科技强国关键靠人才"，有人就有未来，有人才就有希望，出版《电石安全生产节能技术与工艺》一书主要是希望电石行业从业者能结合书本知识，潜心钻研，提高技能，成长为全方面的人才，给企业创造更大的价值。

由于时间有限，书中不妥之处，敬请读者批评指正。

江军

2019年12月

目录

第五章 电石生产各岗位操作法 / 110

第六章　电气仪表与自动化知识 / 137

第七章　环境保护与能源管理 / 161

第八章 质量控制措施 / 174

第九章 电石生产安全知识 / 189

第一章

概　述

第一节　电石生产概况

一、电石生产发展史

电石工业诞生于 19 世纪末，当时的电石炉容量很小，只有 $100\sim300kV\cdot A$，生产技术处于萌芽时期。20 世纪初，生产石灰氮的方法问世后，电石生产技术向前迈进了一步。由于电石法乙炔合成有机产品工业的兴起，自动烧结电极和半密闭电石炉相继发明，电炉容量得以扩大，促使电石生产技术继续向前迈进。

20 世纪 30 年代中期，世界电石总产量 210 万吨，用于生产石灰氮的电石约为 105 万吨，几乎占总产量的一半，用于有机合成工业的只占 15% 左右。随着有机合成工业的迅速发展，电石工业迅速兴旺起来。第二次世界大战以后，挪威和德国先后发明了埃肯（Elekm）型和德马格（Demag）型密闭炉，接着世界上许多国家均采用这两种型式设计、建设密闭电石炉。60 年代初，世界上建成密闭炉 28 座，电石总产量达到 1000 万吨，用于有机合成工业的占 70%，而用于石灰氮的下降到 10% 左右，这一时期是电石生产的极盛时期。

后来由于生产乙酸、乙酸乙烯和聚氯乙烯等产品的原料由乙炔转为乙烯，使电石的产量迅速下降，70 年代初期出现了电石生产的低潮。

由于乙烯与乙炔相比，反应活性较差，且又必须采用大型设备，所以人们对电石法生产乙炔又有了重新的认识。乙炔的来源有两种：一是由天然气制乙炔及石油裂解制乙烯副产乙炔；二是电石制乙炔，电石制乙炔的发展前途主要取决于廉价的电力和高技术生产，以充分利用废物和热能，大大降低成本。

二、我国电石生产现状

电石作为生产乙炔的重要基础化工原料，在保障国民经济平稳较快增长、满足相关行业需求等方面发挥着重要作用。我国在新中国成立前几乎没有电石工业，只是在某些采矿场建设几座小型电石炉，生产的电石主要用于照明，与国外电石工业发展相差约半个世纪。

我国电石行业起步于 20 世纪 40 年代末期，1948 年我国在吉林建成第一座容量为 1750kV·A 的开放式电石炉，生产能力为 3000 吨/年；1951 年，吉林省又建成一座相同生产能力的电石炉；1957 年，我国从苏联引进了一座容量为 40000kV·A 的长方形三相开放式电石炉，当时全国电石产量已经接近 10 万吨/年。进入 20 世纪 60 年代，以电石为原料制乙炔的有机合成工业在我国迅速兴起，国内电石产能的扩张速度有所加快，企业数量也有所增长，电石行业在国民经济发展中的作用也逐渐显现。

据统计，20 世纪 80 年代初期，国内电石生产企业约有 200 家，拥有各种类型的电石炉 430 多座，年产能约为 240 万吨。到 2000 年，国内电石年产能达到 480 万吨，年增长率仅为 4.2％。进入 21 世纪后，国内市场对 PVC 等产品的需求量迅速增长，且下游制品出口量大幅增加，使得电石行业进入产能快速扩张期。"十二五"期间，我国电石行业新增 2100 万吨产能，同时退出 863 万吨，电石产能年均增速在 10％以上。从"十三五"开始，电石产能增速出现拐点。

随着电石炉大型化、密闭化的发展，密闭炉产能比重从 2010 年的 40％上升到 2014 年的 74％。为密闭炉配套的炉气净化、气烧石灰窑、自动化控制系统等技术装备水平也大幅提升。目前，利用炉气生产化工产品的电石产能已占密闭式电石炉总产能的 11％，炉气回收利用成为行业最重要的资源综合利用措施。密闭式电石炉的比重由 2005 年的不足 10％提高到 2010 年的 40％。"十二五"期间，随着 40500kV·A 密闭电石炉技术的成熟，到 2014 年年底，国内已建成的 40500kV·A 密闭电石炉有 145 台，年产能达 1320 万吨，占总产能的 32％。国内电石生产企业逐步顺应电石上下游产品的市场变化，逐步走出粗放、混乱增长局面。

根据我国"少油、缺气、煤炭相对丰富"的资源状况以及下游市场需求的不断增大，行业近几年得到了快速发展。据统计，2018 年我国电石生产企业达 170 余家，电石产能 4100 万吨，年产能 20 万吨及以上的企业有 72 家，合计产能占全国总产能的 81％，国内已建成的 40500kV·A 密闭炉 157 台。到 2018 年，密闭炉产能比重上升到 86％，为密闭炉配套的炉气净化、气烧石灰窑、自动化控制系统等技术装备的水平大幅提升，应用厂家持续增多。

第二节　电石的制法、性能及用途

一、电石简述

电石是工业名，其化学名称为碳化钙。碳化钙的分子式是 CaC_2，分子量为

64.10，结构式为：

纯的碳化钙几乎是无色透明的晶体，不溶于任何溶剂。在 18℃ 时密度为 2.22g/cm³。纯的碳化钙只能在实验室中用热金属钙和纯碳直接化合的方法制得。极纯的碳化钙结晶是天蓝色的大晶体。

通常我们所说的电石是指工业碳化钙，它是由炭材和石灰在电石炉中制得，电石中除含大部分碳化钙外，还含有少部分其他杂质，这些杂质都是原料中的杂质转移过来的。

二、电石的物理性质

（1）电石为块状体，其颜色因碳化钙的含量不同而不同，有灰色的、黄色的或黑色的等。电石的新断面呈灰色，当 CaC_2 含量较高时呈紫色。若电石的新断面暴露在潮湿的空气中，则因吸收了空气中的水分而使断面失去光泽变成灰白色。

（2）电石的熔点随电石中碳化钙含量的不同而改变，纯碳化钙的熔点为 2300℃，工业电石中碳化钙含量一般为 80% 左右，其熔点常在 2000℃ 左右。69% 碳化钙和 31% 氧化钙的混合物的熔点最低，为 1750℃。碳化钙的含量继续减少时，熔点反而升高，达到 1850℃，此温度对应 35.6% 碳化钙和 64.4% 氧化钙的混合物。在此两个最低熔点之间有一个熔点最大值 1980℃，它相当于 52.5% 碳化钙和 47.5% 氧化钙的混合物的熔点。随着碳化钙含量的继续减少（即低于 35.6%）混合物的熔点又升高，见图 1-1。

应当指出：影响电石熔点的因素不仅是石灰的含量，氧化铝、氧化硅与氧化镁等杂质也有影响。

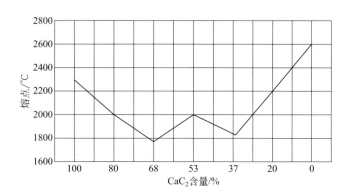

图 1-1 电石熔点与 CaC_2 含量的关系

（3）电石的导电性能与其纯度有关，碳化钙含量越高，导电性能越好，反之，碳化钙含量越低，导电性能越差。电石的导电性与温度也有关系，温度越高，导电性能越好。

（4）电石硬度随 CaC_2 含量的增加而增大，在最低共熔点的组分时硬度最大。含 CaO 过多的电石的硬度较含 C 过多的大，而且易熔，但分解较慢。

（5）电石的密度取决于 CaC_2 的含量。由图 1-2 可以看出，随着 CaC_2 含量的减少，电石的密度增加。也就是说电石的纯度越高，密度越小。

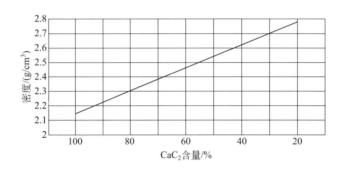

图 1-2　电石的密度和 CaC_2 含量的关系

三、电石的化学性质

（1）碳化钙遇水分解时生成乙炔。碳化钙不仅能与液态的或气态的水反应，而且也能与物理的或化学的化合水反应，这就是碳化钙能被用作脱水剂的原因。碳化钙被水分解的反应可用下式表示：

① 与过量水或饱和水蒸气反应：

$$CaC_2 + 2H_2O（液） \longrightarrow Ca（OH）_2 \downarrow + C_2H_2 \uparrow$$

② 蒸汽温度超过 200℃ 时不生成 Ca（OH）$_2$ 而生成 CaO：

$$CaC_2 + H_2O（气） \longrightarrow CaO + C_2H_2 \uparrow$$

③ 电石在赤热高温状态下加水分解，除生成 C_2H_2 外，还有部分 C_2H_2 分解成 H_2 和 C。

（2）电石本身可用作钢铁工业的脱硫剂。硫的蒸气和碳化钙反应生成硫化钙（CaS）和二硫化碳（CS_2）。此反应在 500℃ 时进行得很剧烈，这时，除了硫化钙以外还生成 C 和少量的 CS_2。在 250℃ 时则生成大量的 CS_2。

（3）碳化钙能还原铅、锡、锌、铁、锰、镍、钴、铬、钼及钒的氧化物，得到的主要产物是钙的合金。氧化铝可被碳化钙还原成金属铝，长时间加热时还可以生成碳化铝。

（4）与氧气（干燥）及含氧化物（CO、CO_2）等反应：

$$2CaC_2 + 3O_2 \longrightarrow 2CaCO_3 + 2C$$

$$2CaC_2 + CO_2 \longrightarrow 2CaO + 5C$$

$$CaC_2 + CO \longrightarrow CaO + 3C$$

四、电石的用途

（1）电石与水反应生成的乙炔可以合成许多有机化合物，例如合成橡胶、合成树脂、丙酮、烯酮、炭黑等；同时氧乙炔焰广泛用于金属的焊接和切割。

（2）加热粉状电石与氮气时，反应生成氰氨化钙，即石灰氮，石灰氮是制备氨基氰的重要原料。石灰氮与食盐反应生成的熔体可用于采金及有色金属工业。

$$CaC_2 + N_2 \longrightarrow CaCN_2 + C \quad \Delta H = -296kJ/mol$$

（3）生产聚氯乙烯（PVC）。电石法生产聚氯乙烯的过程是电石（碳化钙，CaC_2）遇水生成乙炔（C_2H_2），乙炔与氯化氢（HCl）反应生成氯乙烯单体（$CH_2 \!=\! CHCl$），再通过单体聚合反应生成聚氯乙烯+CH—CHCl+_n。

（4）电石本身可用作钢铁工业的脱硫剂。

（5）旧时矿工下矿，将电石放入铁罐之中，利用生成的乙炔（C_2H_2）制作成电石灯。

成品电石见图 1-3。

图 1-3　成品电石

五、电石的制法

工业上一般使用电热法与氧热法制备电石。电热法是将炭材与氧化钙（CaO）置于 2200℃ 左右的电炉（电石炉）中，依靠电弧高温熔炼反应生成碳化钙，同时生成一氧化碳（CO）。

$$CaO + 3C \longrightarrow CaC_2 + CO \quad \Delta H = +465.9kJ/mol$$

这是一个强吸热反应，故需在 2100～2500℃的电石炉中进行。

生产过程主要有原料加工、配料、电石炉熔炼。通过电石炉上端的入口或管道将混合料加入电石炉内，在 2000℃左右的高温下反应，熔化的碳化钙从炉底取出，经冷却、破碎后作为成品包装。

反应中一氧化碳则依电石炉的类型以不同方式排出。在开放炉中，一氧化碳在料面上燃烧，产生的火焰随粉尘向外排出；在密闭炉中，一氧化碳被吸气罩抽出。电石工业迄今仍沿用电热法工艺。

六、电石的特性和储存

电石干燥时不燃，遇水或湿气能迅速产生高度易燃的乙炔气体，在空气中达到一定的浓度时，可发生爆炸。与酸类物质能发生剧烈反应。电石燃烧（分解）产物为乙炔、一氧化碳、二氧化碳。禁止用水或泡沫灭火，二氧化碳也无效，须用干燥石墨粉或其他干粉（如干砂）灭火。电石应储存于阴凉、干燥、通风良好的库房，远离火种、热源，相对湿度保持在 75%以下，包装必须密封，切勿受潮，应与酸类、醇类等分开存放，切忌混储。储区应备有合适的材料收容泄漏物。

第三节　生产电石所用原料

一、原料种类及用途

1. 石灰石

石灰石主要成分是碳酸钙（$CaCO_3$，图 1-4），我国石灰石矿蕴藏量十分丰富，分布很广，质量各异。石灰石可以直接加工成石料和烧制成生石灰。生石灰吸潮或加水就成为熟石灰，熟石灰主要成分是 $Ca(OH)_2$。石灰石中所含的碳酸钙是一种无机化合物，呈中性，基本上不溶于水，溶于酸。它是地球上的常见物质，存在于霰石、方解石、白垩、石灰岩、大理石、石灰华等岩石内，也是动物骨骼或贝类外壳的主要成分。碳酸钙是重要的建筑材料，工业上用途甚广，对石灰石的要求，除化学组成外，外观和粒度也是很重要的。石灰石也是一种常见试剂，常用来与盐酸反应生成 CO_2 等。

2. 石灰

石灰化学名称：氧化钙；化学式：CaO。

石灰（图 1-5）表面为白色，含有杂质时呈灰色或淡黄色，具有吸湿性。

主要用途：分析试剂、二氧化碳吸收剂、助熔剂、植物油脱色剂；用于生产电石、纯碱、漂白粉等；用作建筑材料、耐火材料、干燥剂以及土壤改良剂和钙肥；用于制革、废水净化等；作为制氢氧化钙及各种钙化合物的主要原料，也是化学工业中的廉价碱。

工业制法：$CaCO_3 \stackrel{}{=\!=\!=} CaO + CO_2$（高温）

水化成熟石灰：$CaO + H_2O \stackrel{}{=\!=\!=} Ca(OH)_2$

图 1-4　石灰石

图 1-5　石灰

我国电石工厂大多数自己生产石灰，一般采用竖式混烧窑。煅烧石灰石用的燃料，以焦炭为主，其次是白煤（无烟煤），也有采用烟煤的，但是极少数。如果煅烧石灰石的燃料是一氧化碳，密闭电石炉生产的一氧化碳可循环利用，大大节约了生产成本。气烧石灰窑不能采用小块石灰石，窑下密封要严，否则容易漏气，使操作人员中毒。

我国大型石灰窑从原石进厂到石灰出窑，全都采用了机械化操作，特别是在投料与出灰操作上，采用了电气自控元件，并做到了自动化操作。

3. 焦炭

焦炭是一种固体燃料，质硬、多孔、发热量高。焦炭（图 1-6）是烟煤在隔绝空气的条件下，加热到 $950 \sim 1050℃$，经过干燥、热解、熔融、黏结、固化、收缩等阶段而制成的，这一过程叫高温炼焦（高温干馏）。由高温炼焦得到的焦炭用于高炉冶炼、铸造和汽化。炼焦过程中产生的焦炉气经回收、净化后即得高热值的燃料，同时也是重要的有机合成工业原料。

图 1-6　焦炭

用途：焦炭主要用于高炉炼铁及铜、铅、锌、钛、锑、汞等有色金属的鼓风炉冶炼，起还原剂、发热剂和料柱骨架作用。炼铁高炉采用焦炭代替木炭，为现代高炉的大型化奠定了基础，是冶金史上的一个重大里程碑。为此冶炼用焦炭（冶金焦）必须具有适当的化学性质和物理性质，包括冶炼过程中的热态性质。焦炭除大量用于炼铁和有色金属冶炼（冶金焦）外，还用于铸造、化工汽化、电石和铁合金生产。根据不同用途，对其质量要求也有所不同。如铸造用焦炭，一般要求粒度大、气孔率低、固定碳含量高和硫分低；化工汽化用焦炭，对强度要求不严，但要求反应性好，灰熔点较高；电石生产用焦炭要求尽量提高固定碳含量。

焦炭中所含水分一般在 10％～15％，密闭炉和半密闭炉要求焦炭中的水分含量不超过 1％，所以必须进行干燥。

4. 兰炭

兰炭（图 1-7）又称半焦、焦粉，是利用优质精煤块烧制而成的，作为一种新型的碳素材料，以其固定碳高、比电阻高、化学活性高、灰分低、硫低、磷低、水分低等特性，逐步取代冶金焦而广泛用于电石、铁合金、硅铁、碳化硅等产品的生产，成为一种不可替代的碳素材料。由于原料及工艺等方面的差异，兰炭的市场价格远低于一般焦炭的价格。相对较低的市场价格使兰炭产品具有很强的市场竞争力。

兰炭的用途：可代替焦炭（冶金焦）而广泛用于化工、冶炼、造气等行业。与焦炭相比更适于生产金属硅、铁合金、硅铁、硅锰、化肥、电石等高耗能产品。

5. 电极糊

电极糊（图 1-8）是铁合金炉、电石炉等电炉设备使用的导电材料，它能耐高温，同时热膨胀系数小；具有比较小的电阻率，可以降低电能的损失；具有较小的气孔率，可以使加热状态的电极氧化缓慢；有较高的机械强度，不会因机械与电气负荷的影响而使电极折断。电流通过电极输入炉内产生电弧来进行冶炼，电极在整个电炉中占有极其重要地位，没有它，电炉就无法发挥作用。要使电极在电弧所产生的温度下正常工作，必须具有高度的耐氧化性及导电性，只有碳素材料制成的电极才有这种性质，因为碳素电极可承受3500℃的电弧温度且氧化缓慢。

图 1-7　兰炭

图 1-8　电极糊

二、对电石原料的要求

1. 原料品质与产品的关系

生产电石的原料为碳素（兰炭、焦炭）和石灰。石灰由石灰石在煅烧炉中煅烧而制得。

为了降低电石生产成本和生产高品质的电石，必须严格管控原材料质量。石灰和碳素原料中所含的杂质会降低产品质量。难熔化杂质会沉积于炉底，少量溶入熔融电石中，使熔融体发黏，影响其出炉。杂质在炉内形成各种矿渣，造成炉底上升，缩短了电石炉生产寿命。

除此以外，杂质在熔化时要消耗更多的电能，增加了生产成本。对于生产电石的原料，应该十分严格地要求其质量规格，采用质量均匀的原料是非常重要的。因此，在选择电石生产原料时，要充分调研矿产地的各种有关资料。

2. 焦炭和兰炭的质量要求

焦炭的电导率很高，是生产电石的优良原料。焦炭是一种多孔性物质，是在炼焦炉中隔绝空气使煤灼热而制得。焦炭分为两种：气煤焦和冶金焦，后者由专门冶金高炉制得。气煤焦较冶金焦杂质多，所含挥发物少，灰分高，黑而无金属光泽。电石工业大多采用冶金焦。对其要求是含最少量的灰分、挥发分、水分、磷和硫。

焦炭中的水分含量相当大，为 $6\%\sim15\%$。因此在使用前必须进行干燥。焦炭中固定碳含量为 $80\%\sim85\%$，灰分为 $3\%\sim13\%$。如果生产电石采用较高纯度的生石灰，则焦炭灰分不应超过 $8\%\sim10\%$。

电石生产用焦炭和兰炭的质量要求见表 1-1 和表 1-2。

3. 石灰的质量要求

在电石生产时，生石灰是主要的原料。生石灰必须储藏在挡雨性较好的料棚内，不让雨水浸入，以免发生消化反应。而且，石灰消化时会放出大量的热，容易引起火灾。

⊡ **表 1-1　电石生产用焦炭的质量要求**

原料名称	产品执行标准	检验项目	技术要求	检验依据
焦炭	Q/ZTJ 06.02—2011	全水分含量/%	夏季：≤9.0 冬季：≤12.0	GB/T 2001—2013
		灰分/%	≤13	
		挥发分/%	≤4	
		固定碳/%	≥83	
		磷/%	≤0.008	SN/T 1083.2—2002
		粒度（20～70mm）/%	≥90	Q/ZTJ 06.02—2011

⊡ **表 1-2　电石生产用兰炭质量要求**

原料名称	产品执行准	检验项目	技术要求	检验依据
兰炭	Q/ZTJ 06.02—2011	全水分含量/%	夏季：≤12.0 冬季：≤14.0	GB/T 2001—2013
		灰分/%	≤13	
		挥发分/%	≤8	
		固定碳/%	≥83	
		磷/%	<0.02	SN/T 1083.2—2001
		粒度（15～50mm）/%	≥88	Q/ZTJ 06.02—2011

生产电石所采用的石灰应满足下列要求：石灰是块状的，所含的石灰粉末少；煅烧十分完全；含 $CaCO_3$ 不超过 3%；所含的杂质不应超过规定的标准。

电石生产用石灰质量要求见表1-3。

☐ **表 1-3　电石生产用石灰质量要求**

原料名称	产品执行标准	检验项目	技术要求	检验依据
石灰	Q/ZTJ 06.02—2011	全 CaO 的质量分数/%	≥90	GB/T 15057.2—1994
		有效 CaO 的质量分数/%	≥80	Q/ZTJ 06.02—2011
		MgO 的质量分数/%	≤1.8	GB/T 15057.2—1994
		磷（P）的质量分数/%	≤0.025	GB/T 15057.9—1994
		盐酸不溶物的质量分数/%	≤1.8	GB/T 15057.3—1994
		铁铝氧化物（R_2O_3）的质量分数/%	≤1.6	GB/T 15057.4—1994
		二氧化硅（SiO_2）的质量分数/%	<1.8	GB/T 15057.5—1994
		生过烧含量/%	≤11	Q/ZTJ 06.02—2011
		粒度（20～70mm）/%	≥90	Q/ZTJ 06.02—2011

三、原料质量控制

电石生产过程中的质量控制主要分为三个环节：原材料入厂质量控制、中间产品质量控制、出厂产品质量控制。目前电石生产过程中对原材料、中间产品质量的主要控制项目基本一致，但由于各地区原料的充裕程度及电石生产企业控制习惯，在各检测指标上存在一定的差异。

原材料入厂质量控制中，主要对石灰石、石灰中的氧化钙含量、氧化镁含量、盐酸不溶物含量、铁铝氧化物含量、粒度、磷含量；焦炭、兰炭的全水分、灰分、挥发分、固定碳、粒度、磷含量；电极糊中的挥发分、灰分进行检测控制。其中石灰中氧化钙的含量直接决定后续电石生产过程中石灰的利用率，同时氧化镁、盐酸不溶物、铁铝氧化物等杂质不仅对生产控制造成影响，同时增加生产过程中的电耗。焦炭、兰炭的全水分含量对后续的烘干有一定的影响。

原材料的质量检验应根据原材料供应商的质量波动情况，确定合理的检测频次，在质量发生波动时应增加检测频次。

四、原材料质量对电石生产的影响

1. 石灰的影响

石灰是由石灰石经过高温煅烧而成，其杂质成分如氧化镁、二氧化硅、三氧化二铝、三氧化二铁等含量对电石生产有一定的负面影响。此外，石灰的粒度和粉末率也是决定石灰质量的指标之一。

（1）石灰中的氧化镁对电石生产的影响

各种杂质中，氧化镁对电石生产的危害较大。氧化镁在熔融区迅速还原生成金属镁，而使熔融区成为一个高温强还原区。镁以气态形式逸出，其中一部分与炉内产生的一氧化碳气体发生化学反应，生成氧化镁，这是一个放热反应，放热形成的高温会使炉料熔池边缘的硬壳被破坏，引起熔融电石流体向外扩散，与炉壁直接接触，容易烧坏炉壁耐火砖，最终使炉壳破坏。

$$Mg+C \longrightarrow Mg+CO \qquad \Delta H = -116kcal（1cal=4.2J）$$
$$Mg+CO \longrightarrow MgO+C \qquad \Delta H = +117kcal（1cal=4.2J）$$

而另一部分镁上升到炉料表面与一氧化碳或空气中的氧气反应。当镁与氧反应时，放出大量的热，使炉面结块，阻碍炉气排出，并产生支路电流。

氧化镁的还原作用会降低电效率和电石产量，并增加焦炭消耗。氧化镁还原产物的燃烧，会妨碍电石炉操作。通常炉气能把原料中的氧化镁带走85%，其余15%留在熔融区。与氮反应生成氮化镁，致使电石发黏，在炉内不易流出，影响出炉操作。

（2）石灰中的二氧化硅、氧化铝对电石生产的影响

石灰中的二氧化硅在电石炉内被焦炭还原成硅。一部分在炉内生成碳化硅，沉淀于炉底，造成炉底升高；一部分与铁反应，生成硅铁，硅铁会损坏炉壁铁壳，出炉时会烧坏出料嘴和电石锅等设备。

氧化铝在电石炉内不能全部还原成铝，一部分混在电石中，降低了电石的质量，而大部分成为黏度很大的炉渣，沉淀在炉底，使炉底升高，电石炉炉眼位置上移，造成电石炉操作条件恶化。

（3）生烧石灰的影响

石灰石中大部分是碳酸钙，当温度达到815℃时，碳酸钙即分解放出二氧化碳。温度越高，分解速度越快，如整块石灰石自表面到最内层温度都达到815℃以上，则可得到完全分解的石灰石。反之，如石灰石中心温度没有达到815℃，碳酸钙还没来得及分解就从窑内卸出来，这样的生石灰就叫做生烧石灰。在石灰石粒度相差悬殊的情况下，大块石灰石中心部位来不及分解，卸出窑后大多含有生烧石灰。

石灰中的生烧成分在电石冶炼中能释放二氧化碳，这等于有效的氧化钙投入量减少，破坏炉料的正常理论配比，使生产难于控制。此外，生烧石灰也会在高温下分解，吸收炉内热量，增大电石生产的电耗，使电石生产成本增高。

含二氧化硅多的石灰石在煅烧时，如果温度超过1260℃，会发生粉化而生成熔块，如控制在1260℃以下，则又增加生烧量。所以要求石灰石的杂质尽量少，粒度要均一。

（4）过烧石灰的影响

在石灰窑生产时，由于温度过高或石灰石在煅烧窑内停留时间太长，石灰石的结晶单元就逐渐排列得整齐起来，分解放出二氧化碳以后，不但本体产生许多孔，而且

体积还缩小 10%～15%，使其内部结构发生变化，疏松多孔的石灰就会变成致密坚硬的石灰，体积比原来小，这样的生石灰就是过烧石灰。过烧石灰由于结构致密，活性差，大大降低了反应速度，并且体积缩小以后，其接触面积也减小，使碳素材料增多，引起炉内电阻下降，电极容易上升，炉底温度逐步下降。过烧还会直接影响电石质量，长期生产将导致炉况不稳定，生产效率低下。

（5）石灰的粒度和粉末率对电石生产的影响

石灰的粒度对电石生产是非常重要的。粒度过大，其接触面积就小，在炉内反应速度就低，直接影响电石的质量和产量。粒度太小，石灰容易粉化，而且进入炉内会形成密闭的料层，透气性差，使熔池内憋压，熔池下料缓慢，影响电石生产。石灰粉末率高，还会引起操作事故的发生，由于蓬料使料面好比一个密闭的锅盖一样，将熔池内产生的氢气、一氧化碳封闭起来，随着气流的不断上升，压力逐步增大，随时都有塌料的可能，发生严重的操作事故，对操作人员和设备造成危害。此外，石灰的粉末率高时，其质量轻，会随尾气进入除尘系统，给除尘设备带来很大的负担，也会直接影响原料配比的准确性，使生产工艺管理失控，对生产的危害极大。

在电石生产中，石灰的质量是决定生产稳定性的非常重要的因素之一。随着国内电石行业的不断发展，采取措施节能降耗是电石企业一直追求的目标，从控制石灰中的杂质含量、生过烧、粒度和粉末率方面入手，狠抓石灰的质量指标，严把原料质量关，对电石生产节能降耗具有重大意义。

2. 碳素的影响

（1）灰分的影响

碳素中的杂质主要是灰分，全部由氧化物组成。在电石炉内生产电石的同时，灰分中的氧化物被还原，既要消耗电能又要消耗碳素，而且还原后的杂质仍然混入电石中，降低了电石的纯度。炉料中每增加 1% 的灰分，要多消耗电能 50～60kW·h。

（2）水分的影响

碳素原料中的水分，会使炉料中的生石灰在输送和贮存过程中发生消化，容易引起投料管堵塞，炉料透气性变坏。同时，碳素中存在的水分在炉内发生以下反应：

$$C+H_2O \longrightarrow CO+H_2 \qquad \Delta H=-166.6kJ$$

$$Ca(OH)_2 \longrightarrow CaO+H_2O \qquad \Delta H=-108.8kJ$$

水分含量增加使热能和碳素的消耗增加。水分对密闭炉的影响更为显著，水分含量增加会使炉气中的氢气含量大幅波动，影响电石炉的正常操作。碳素原料的水分使石灰产生粉末，使电石炉料面透气性变差，进而造成炉子不吃料、喷料和炉压不稳等不正常现象。

由于上述反应，使热能（即电能）和碳素原料的消耗增加，但其影响程度与炉子的容量和炉型有关。

在中等容量开放型电石炉上，大多采用机械化或半机械化投料，混合炉料在炉上的料仓中存放的数量较多，时间较长，碳素原料中的水分与石灰相遇，产生消石灰粉末。这种粉末一部分随炉面上的烟气飞逸散失，另一部分混入炉料中，当其投入电石炉内，有可能使炉料蓬住，进而发生喷料和塌料等现象。一则影响电石炉正常操作，再则会造成人身安全事故。如果采用简单的烘干设备，利用炉上的废热，把水分降到5%以下，对生产的影响就可大大减轻。

在密闭电石炉上则影响更为严重。密闭电石炉的特点是电石炉上面加了个炉盖，炉料是由料管自动投入炉内的，这种类型的电石炉除了用电气参数控制电石炉的操作外，还要用炉压、炉盖温度、炉气抽出量和炉气成分等来控制。如果碳素原料中含有水分，水与赤热的碳素相遇，产生水煤气（$CO+H_2$），就会使炉气中的氢气含量大幅度波动，影响电石炉的正常操作。这种类型的电石炉必须采取干燥效果较好的烘干设备，把炭材原料中的水分降低到1%以下。

（3）挥发分的影响

碳素中的挥发分主要为甲烷、焦油等物质。碳素中的挥发分若增加1%，则生产1t电石，需多消耗 $2.3\sim3.5kW\cdot h$ 电。另外，挥发分靠近反应区，形成半融黏结状，使反应区的物料下落困难，容易引起喷料现象，使热损失增加。

在碳素材料的挥发分中，一般含有20%～30%的氧气，它在电石炉内与温度极高的烧结电极反应，使电极消耗增加。

在全密闭电石炉生产中，碳素的挥发分对炉气中氢气含量有一定的影响，挥发分越高，则炉气中的氢气含量越高。

（4）碳素原料粒度的影响

碳素原料粒度不同，其电阻相差很大。一般粒度越小，电阻越大，在电炉上操作时，电极易于深入炉内，对电炉操作有利。反之，粒度越大，电阻越小，电极易上抬，对电炉操作不利。

从反应性来说，粒度越小，表面积越大，则固相接触越好，越容易反应。同时，粒度小，电阻大，电极易深入炉内，使电极端头至炉底距离减小，则熔池电流密度增加，炉温也增高，对生产高质量电石也更有利。

但如粒度过小，气体排出阻力增加，甚至堵塞炉气通道，则对反应不利，同时也容易引起恶性喷料，使碳素原料的利用效率降低。

粒度过大，气体排出是比较容易的，但总的接触面积减小，支路电流增加，电极上升，炉温降低，将会有未反应完的碳素原料随电石排出，使电石质量降低，也使碳素利用率降低。

（5）碳素原料粉末的影响

① 粉末多了以后，炉料透气性不好，电石生成过程中产生的一氧化碳气体不能顺利排出，降低了电石生成反应的速度。炉料透气性不良的另一个后果是炉气压力增加到相当高的时候，易发生喷料。结果使炉料大量下落到熔池，这样就使电极四周和熔

池区域料层结构发生变化，炉料不是有次序地连续发生变化，逐步沉下去，而是突然有大量生料漏入熔池，造成电极上升，对炉温和电石炉内反应的连续性造成严重影响，降低产品质量。

② 粉末多的时候，大量粉末被炉气带走，炉料的配比就不准了。粉末在料层中容易结成硬壳，在电极附近产生支路电流，造成电极上升。

③ 粉末多了，开放炉容易塌料，影响人身安全。密闭炉则更为有害，易造成炉压波动，甚至防爆孔被炉气压力冲开，影响安全生产，使电石炉操作更难。

所以对碳素原料中的粉末应严格控制。

第四节 乙 炔

乙炔是在 1836 年首先由化学家戴维（Davy）从碳化钾与水反应制得。1860 年贝斯洛特（Bethelot）用电弧法以碳和氢为原料制得乙炔之后，命名为乙炔，给出其分子式 C_2H_2。同年沃列尔（Wohler）指出，由电石（碳化钙）和水相互作用能得到一种很轻的气体——乙炔。

早在 1839 年就有在电弧中熔融生石灰和碳来制取碳化钙的尝试，直到 1892 年，加拿大电气工程师威尔逊（Willson）和法国的莫阿桑（Moissan）分别首次用电炉制取电石成功之后，才开始电石乙炔的工业生产和利用。

乙炔由于燃烧时发出强烈的亮光，在电灯出现之前，广泛用于家庭、城市照明，用于闪光灯、自行车照明灯以及航标灯。直至 1963 年，仍有个别灯塔使用乙炔灯光作引航灯。乙炔与氧气混合，在特殊的燃烧器中燃烧能产生高达 3000℃ 的高温，因此乙炔至今仍然广泛地用于各种金属的加热、切割与焊接，在工业生产中有着重要的用途。

乙炔具有很不稳定的三键，能与许多物质反应，因而吸引了许多科学家对它进行研究。特别是德国科学家瓦尔特（Walter）和雷普（Reppe）对乙炔的许多反应进行了详细研究，形成了著名的雷普法，促进了乙炔化学的发展。还有许多学者，如库切洛夫、法沃尔斯基、泽林斯基、纽兰等对乙炔化学也进行了深入的研究，使乙炔成为合成树脂、合成橡胶、合成纤维、医药、农药、染料和溶剂等许多有机产品的基础原料。乙炔可以合成数千种有机产品，曾被誉为"有机合成工业之母"，因而乙炔工业发展很快，至 1950 年，全世界乙炔产量达到 100 万吨以上。

由于乙炔用途广，需求量大，因此，许多科学工作者除设法扩大电石乙炔的生产外，也积极开展烃类制乙炔的研究。虽然早在 1880 年就有人用电裂烃类（如甲烷等）制得乙炔，但直至 1928 年，这个方法才研究成功。1940 年首次在德国休尔斯厂（Huls）开始了裂解烃类制乙炔的工业生产。从此，烃类乙炔进入市场与电石乙炔相竞争。

一、乙炔的性质和用途

乙炔俗名电石气，分子式 C_2H_2，无色、无臭的气体，通常因含有磷化氢而有特殊的刺激性气味。分子量26.04，结构简式 HC≡CH。乙炔分子结构见图1-9。

图1-9 乙炔分子结构

乙炔是最简单的炔烃，熔点－81.8℃，升华点－83.6℃，沸点－84℃。稍溶于水，水中溶解度1.12%，易燃易爆，与空气形成爆炸性混合物。乙炔与氧混合物的爆炸范围为2.3%～93%（乙炔在氧气中的浓度），乙炔与空气混合物的爆炸范围为2.3%～81%（乙炔在空气中的浓度）。乙炔难溶于水，易溶于石油醚、乙醇、苯等有机溶剂，在丙酮中溶解度极大，在1.2MPa下，1体积丙酮可以溶解300体积乙炔，液态乙炔稍受震动就会爆炸，工业上在钢筒内盛满丙酮浸透的多孔物质（如石棉、硅藻土、软木等），在1～1.2MPa下将乙炔压入丙酮，安全贮运。

乙炔分子中含有碳碳三键，呈弱酸性，可与强碱反应生成金属化合物，如与氨基钠反应生成炔化钠。乙炔化学活性高，容易发生加成反应和聚合反应。如在汞盐存在时与水反应生成乙醛，与稀盐酸反应生成氯乙烯；在盐酸中有氯化亚铜存在时，与氰化氢反应生成丙烯腈。能与铜和银形成不溶性爆炸混合物。在氧气中燃烧（氧炔焰）可产生高温和强光，用于金属的焊接或切割，并用于夜航标志灯。主要用于制造聚氯乙烯、氯丁橡胶、乙酸、乙酸乙酯等。乙炔可由碳化钙（电石）与水反应制得，也可由甲烷的不充分氧化或由高温裂化石油馏分中制取。具体用途见图1-10。

纯乙炔毒性微，具有弱麻醉作用，高浓度时可排挤空气中的氧而引起窒息。乙炔浓度达20%时，可产生明显的缺氧症状。混有磷化氢、硫化氢等杂质时毒性可增大。吸入一定浓度后有轻度头痛、头昏症状。吸入高浓度时先兴奋、哭笑不安，继而头痛、眩晕、嗜睡，严重者昏迷。吸入磷化氢和硫化氢混合气体时，出现抽搐、麻醉，甚至死亡。

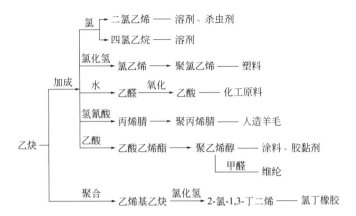

图 1-10　乙炔的用途

二、乙炔的工业制法

电石法：

$$CaCO_3 \xrightarrow{\text{燃烧}} CaO + CO_2$$

$$CaO + C \xrightarrow[\text{电弧}]{2500℃} CaC_2 + CO$$

$$CaC_2 + H_2O \longrightarrow HC \equiv CH + Ca(OH)_2$$

此法耗电量大。

甲烷裂解法：

$$CH_4 \xrightarrow[\text{电弧}]{\text{约}900℃} HC \equiv CH + H_2 \uparrow$$

$$2C_2H_2 + 5O_2 \xrightarrow{\text{燃烧}} 4CO_2 + 2H_2O$$

乙炔与空气混合遇火容易爆炸。电石应防水防潮密封保存。严禁儿童用电石或乙炔气点火玩耍，以防不幸事故的发生。

第五节　电石生产相关知识

一、电石的相关概念

（1）电石综合能耗　电石综合能耗指单位电石（折标，按 300L/kg 发气量计算）所消耗的各种能源的总量，包括生产系统、辅助生产系统和附属生产系统的各种能源消耗量和损失量；包括作为原材料消耗的能源，不包括生活、基建、技改项目建设内耗和向外输出的能源。

（2）电石炉电耗　电石炉电耗指电石炉生产单位电石（折标）所消耗的电量。

（3）电石发气量　1kg 电石在标准状况下与足量水反应所产生的乙炔气体的体积。

（4）配比　炉料的配比通常是以 100kg 石灰配合多少千克碳素原料来表示。

（5）电流　自由电子受到外力的作用，在导体中移动，形成电流。电流用符号"I"表示，电流的单位是安培，简称"安"，用符号"A"表示。电流有直流和交流之分。电流的大小和方向都不随时间而改变，这样的电流叫做恒定电流，简称直流电。大小和方向都随时间作有规律的周期性变化的电流，称为交流电。

（6）电压　用以克服电路上一部分电阻阻力的电位差，称为该部分的电压。电压用符号"U"表示，电压的单位是伏特，简称"伏"，通常用符号"V"表示。

（7）电阻　当自由电子在导体中流过时，阻止自由电子流动的阻力，称为导体的电阻，用符号"R"表示。电阻的单位是欧姆，简称欧，用符号"Ω"表示。

二、化工生产基础

（1）化工操作流程基本包含五个方面：流体流动过程、传热过程、传质过程、热力过程、机械过程。

（2）化工过程的基本规律主要有质量守恒、能量守恒、平衡关系、过程速率。

（3）国际单位制中压力（压强）的单位名称为"帕斯卡"，符号为"Pa"。

（4）国际单位制中热力学温度的单位名称为"开尔文"，符号为"K"，与摄氏温度的关系为：0℃对应的热力学温度为 273.15K。

（5）常见的化工单元操作有流体的流动与输送、沉降、过滤、传热、蒸发、吸收、萃取、干燥、蒸馏、冷冻、粉碎、过筛、结晶等。

（6）流速是指单位时间内流体在流动方向上流过的距离。

（7）流量是指单位时间内流过管道截面的流体的量。

（8）物质的能量有机械能、热能、化学能、电磁能、辐射能、原子能等形式。

（9）物体相互接触，只要存在温差，热量就能自发地由高温物体传递到低温物体。

（10）化工装置上压力表指示的压力为表压，不代表装置内物料的真实压力。

（11）流体压强的测定常以大气压强为起点，表压指高于大气压的部分，真空度指低于大气压的部分。

（12）物体的导热性能强弱顺序依次为金属固体＞非金属固体＞液体＞气体。

（13）工业上常用的加热剂有水蒸气、烟道气、水、加热油等。常用的冷却剂有空气、水、冰、冷冻盐水、氨。

（14）工业上的换热方法主要有直接混合式、间壁式、蓄热式。热量传递的基本方式为热传导、对流传热、热辐射。

（15）间壁式换热器是指冷热两种流体被固体壁面隔开，热流体将热量传给固体壁面，固体壁面再将热量传给冷流体，工业上的换热大多采用间壁式。

（16）间壁式换热器的热量传递过程分为对流传热（流体主体内、流体与固体壁之间）、热传导（由固体壁一侧向另一侧传递）、对流传热（固体壁一侧向流体传递，流体主体内），见图 1-11。

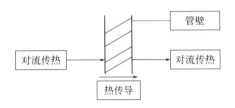

图 1-11　热量传递示意

（17）间壁式换热器的传热方程为：

$$g = KA\ \Delta t_{均}$$

式中，g 为传热速率，J/s；A 为传热面积，m^2；K 为传热系数，J/（s·m^2·K）；$\Delta t_{均}$ 为冷热流体的平均温度差，K。

（18）换热器的热负荷是指冷热流体在单位时间内所需交换的热量；传热速率是指一台换热器本身所具有的换热能力。前者由工艺要求决定，是对换热器的换热要求，因此传热速率必须大于等于热负荷。

（19）国际单位制中能量、热量的单位为"J"；质量的单位为"kg"；温度的单位为"K"。

（20）化工设备外壁温度比周围环境温度高时热量将以对流传热和辐射传热两种方式散失，对于需要保持一定高温的设备就要进行保温处理以减少热损失。

（21）流体流动过程中阻力产生的根本原因是：流体分子间具有作用力（内摩擦力），即黏性，而流动过程阻力的大小与流体的流动形态（平缓与激烈）、流过的距离、管壁粗糙度、截面大小（管径）有关。

（22）化工单元操作是一种物理操作，只改变物料的物理性能，而不改变其化学性质，不同生产过程中的同一种化工单元操作所遵循的原理基本相同，所使用设备结构相似。

（23）能量衡算的意义。化工生产过程中随着物质性质的变化，也伴随着能量的变化，如原材料的输送要耗用能量，原料加热、维持一定的反应温度、产品的降温、冷却等都与能量变化有关。所以在物料衡算的基础上进行能量衡算可以帮助我们选择最佳的工艺操作条件，合理地使用能量，降低能耗损失。

（24）物料衡算可以评价生产过程的投入产出情况，生产过程的正常与否及完善程度，从而指导生产。而在新产品开发设计过程中物料衡算可以帮助我们选择适宜的生产流程与设备。

（25）化学平衡是指一定条件下，当可逆反应的正反应速度与逆反应速度相等，各物质浓度不再发生改变时体系所处的状态，化学平衡是暂时的，是相对的动态平衡，达到平衡时正逆反应并未停止，只是速度相等。当外界条件变化时，平衡就会被打破，在新的条件下建立新的平衡。

第二章

电石生产工艺

第一节　电石生成理论

1. 反应机理

炉料凭借电弧热和电阻热在 1900～2200℃ 的高温下反应而制得碳化钙。电炉是获得高温的最好设备，而且能量非常集中。碳化钙的生成反应如下：

$$CaO+3C \longrightarrow CaC_2+CO \quad \Delta H=+465.9kJ/mol$$

这是一个吸热反应，为完成此反应，必须供给大量的热能。生成 1t 发气量 300L/kg 的电石，消耗于此反应的电能是可以计算出来的。

$$\frac{1000 \times 0.806}{64} \times \frac{111300}{860}=1630kW \cdot h$$

式中，0.806 为发气量 300L/kg 的电石中碳化钙的含量；860 为电热，即 1kW·h 电能完全转化为热能的数值，kcal/（kW·h）；64 为碳化钙的分子量。

实际上，工业电石炉生产 1t 电石所消耗的电能远远超过计算所得的数值，可见大量的电能损失了。这些损失主要有以下两方面。

（1）电石炉中有许多副反应要消耗热。电石炉气（300～600℃）和被炉气带走的粉尘及出炉电石（约 2000℃）所带走的显热。

（2）消耗在电炉变压器、短网、电极以及通过炉体的热损失等。

碳化钙生成反应是一个吸热反应，需要在高温条件下进行，因此，必须从外部引进热源。另外，根据平衡原理，增加反应物的浓度和将生成物源源不断地取出，是有利于反应进行的。因此在炉料配比上，石灰应大大过量于理论反应量，并规定了出炉时间和出炉量。若较长时间不出炉，那么生成碳化钙的反应渐趋缓慢，并引起已生成的 CaC_2 分解，其分解速度取决于炉内一氧化碳压力和炉温；反应系统中还有气相，气体的压力将影响反应进行的速度。原则上，降低系统压力是有利于反应进行的，所以需要把反应生成的一氧化碳气体及时抽出。

由此可知，电石生产的反应过程是生石灰和含碳原料在电石炉内，依靠电弧高温，反应层将石灰熔化成流体，随着温度的升高流体分子动能增加。在电极端部周围的高温区，在1600～1700℃下即可使具有较大活性的熔融态石灰和焦炭发生相互作用：碳将熔融石灰的钙游离出来，随即还原成金属钙并放出CO；在此高温区，金属钙汽化成钙蒸气；当它与碳接触时，就在碳表面上相互扩散，并反应生成 CaC_2。

以固态反应生成 CaC_2，主要按下列连续反应进行：

① CaO（固）$\longrightarrow$ CaO（熔融）

② CaO（熔融）＋C（固）$\longrightarrow$ Ca（熔融）＋CO（气）

③ Ca（熔融）$\longrightarrow$ Ca（蒸气）

④ Ca（蒸气）＋2C（固）$\longrightarrow$ CaC_2（固）

⑤ CaO（固）＋3C（固）$\longrightarrow$ CaC_2（固）＋ CO（气）

接触表面生成 CaC_2 层，即熔于熔融石灰中，形成了 CaC_2 和 CaO 的共熔混合物。随着 CaC_2 不断生成，共熔混合物中的 CaC_2 含量也不断增加，导致熔融相温度增高，从而加速了固态石灰的熔融，游离的钙离子还原成金属钙并汽化。不仅增加了接触表面上的扩散、反应概率，还增大了越过 CaC_2 层向各自深部扩散的速度。随着熔炼时间延长，共熔物量不断增加。

从热力学观点看，提高温度有利于发生 CaC_2 的吸热反应，研究证明 CaC_2 生成速度以 2000～2200℃最快，但温度过高，特别是超出 2300℃以上则 CaC_2 生成速度小于 CaC_2 分解速度。

2. 炉内状况

电石炉是将通入的电能通过电弧和物料电阻转变为热能的电弧电阻炉。炉料受电弧高温作用，并在其高温所及的范围内形成一个依条件而变动的熔池。熔池内外的物料在所在的区域内形成各具特点的料层，整个料层在正常情况下构成一个有秩序的、自上向下移动的料层结构。即投入电石炉的炉料（生料）自上而下分别是：预热层—扩散层—反应层—熔融层，远离电极的熔池内壁是一个硬壳层，在最底部为积渣层。

了解炉内状况，对电石炉的操作是十分重要的。一般常见的电石炉炉况如图2-1所示。

(1) 物料预热层 A　炉料经下料口投入，料层透气性好，炉气经此层逸出炉面时预热炉料，基本上保有原有的电阻。

炉料被逸出的气体预热及碳素原料所含的水分蒸发，部分杂质镁、铝、硅等的蒸气大都会凝结为氧化物，因此在此层的下部分可能会生成硬壳。

(2) 炉料扩散层 B　此层是炉料和少量碳化钙的半熔融物，在此层中氧化钙和碳相互扩散，由电石炉下方升上来的钙（蒸气）和一氧化碳气体发生反应生成氧化钙及碳，它们进入氧化钙和碳的空隙中互相扩散。

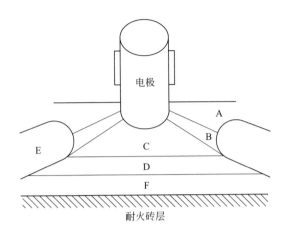

图 2-1　电石炉炉况

（3）反应层 C　该层是生石灰和固体碳素原料及半成品的半熔融物质，以疏松状态存在，其中充满了钙蒸气和一氧化碳，此部分被上部氧化钙和碳（CaO-C）相互扩散，即被透气性不好的硬壳所覆盖，并被熔池内壁所包围，被限制在电极端头下面的半成品层，大部分碳化钙生成反应在此进行。

此反应层电阻很大，并且在电极附近的电流密度相当大，且在电弧区内，所以发热量要比其他部分大得多，此发热量与炉内反应的吸热量相平衡，以保持炉内的温度。

此反应层物料形态不仅以生石灰、固体焦炭及半成品的半熔融物的疏松状态而存在，还以焦炭分散在碳化钙和氧化钙的共熔物中不断翻腾的混合体形式而存在。它的组成是不均匀的，也不固定。一般来说，此层上部碳化钙少，焦炭多；下部碳化钙多，焦炭少；最下部含焦炭更少，即 CaC_2-CaO 共熔体。

（4）熔融层 D　这部分是熔融电石层，位于反应层下面的熔池底部，在此层电石熔融成液体，因此比上面的反应层更均匀。

由于电弧放出较高的热量，易熔的石灰和混合物逐渐熔融而呈流动状态，并逐渐向下沉降，至熔融层底部。此层主要靠氧化钙和碳之间配比和熔炼时间来平衡，在不断地稀释—浓缩中保持一定质量。一部分钙和一氧化碳上升至反应层，再和上面碳素反应。

电石炉操作中，每班出炉次数太多，不能保持炉温，也不能提高电石质量。若当电石质量稍差时，延长出炉时间，提高炉温，将电石中的碳化钙进行提浓，便可使电石质量提高。

（5）硬壳层 E 由于距电极较远，温度较低，此层多为半成品多孔性物质和半熔融物质。此层是柔软而多孔的固体壳层，多为熔融的粉末状物质，有时敷挂一层层含有杂质的仍未完全凝固的电石层，由它形成熔池内壁，在此层中几乎不进行任何反应。

（6）积渣层 F 此部分沉积于熔融层最底部，由原料带入的杂质，如硅铁、碳化硅等积累而成。电石炉运行三个月之后，尤其电石炉入炉较浅、原料中杂质含量较高时，炉底杂质碳化硅，甚至硅铁会与日俱增，实为生产中的累积性隐患。因此，必须注意原料中的杂质含量和电石炉操作，注意电极深入炉内的情况，尽可能使杂质随电石一起排出来，不致沉积炉底，以便延长炉子使用寿命。

第二节 电石生产工艺流程

一、电石生产流程简介

电石生产工艺流程见图 2-2。烧好的石灰经筛分后，送入石灰仓贮藏、待用。把符合电石生产所需的石灰和炭材按规定的配比进行配料，用输送皮带将炉料送至电石炉炉顶料仓，经过料管向电石炉内加料，炉料在电石炉内经过电极电弧和炉料的电阻热反应生成电石。电石炉定时出炉，液态电石流入电石锅内，经冷却后，得到成品电石。

二、电石炉生产工艺

1. 配料、上料和炉顶布料

合格的原料由栈桥皮带送入电石车间料仓内，经炉顶布料设施计量、配料后，经皮带输送机和环形布料机将炉料送入炉顶环形料仓，由电石炉加料管送入电石炉内。

2. 电石生产

电石炉由炉体、炉盖、电极把持器、电极压放和电极升降装置等组成，是生产电石的主体设备。

电石炉由变压器供电，炉料在电石炉内经高温反应生成电石，并放出一氧化碳气体，用烧穿器打开出炉口，生成的电石由出炉口排出，熔融电石流到冷却小车上的电石锅内。

出炉口设有挡屏和烧眼器，出炉口的上方设有排烟罩，用通风机抽出出炉时产生的烟气。

3. 电石冷却

熔融电石在电石锅内用牵引机拉至冷却车间进行冷却，电石砣凝固后，用桥式吊车和单抱钳将电石砣吊出，放在耐火砖铺设的地面上冷却，冷却后由桥式吊车起吊至运输车辆进行拉运。

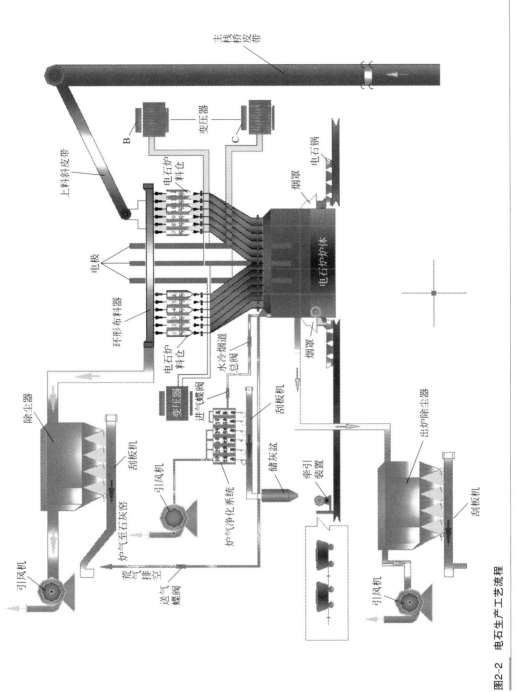

图2-2　电石生产工艺流程

4. 炉气和净化灰

（1）炉气的主要成分　密闭电石炉炉气主要成分是一氧化碳，属易燃气体，粉尘含有较多的焦炭，具有黏性，比电阻较高。炉气温度为 $500\sim800℃$，最高温度 $1200℃$，1t 电石约产 $400m^3$ 炉气；含尘量 $100\sim150g/m^3$，炉气含 CO 达 $75\%\sim85\%$，是一种热值较高的气体，同时含有一定量焦油，炉气热值为 $2700\sim2800$ 大卡$/m^3$（1 大卡为 4.2kJ）。

国家有关部门已明确规定，密闭电石炉的炉气必须综合利用，正常生产时不允许直排或点火炬。

炉气中主要含有 CO、H_2、O_2、CO_2 及少量的甲烷、乙炔气体。净化前炉气组成见表 2-1。

⊡ 表 2-1　炉气的主要成分

组分（体积分数）/%						含尘量
CO	CO_2	H_2	O_2	N_2	煤焦油	$/(g/m^3)$
$75\sim85$	$5\sim8$	$2\sim4$	$0.5\sim1.5$	$6\sim8$	$1.5\sim2$	$100\sim150$

（2）净化灰的主要成分　见表 2-2。

⊡ 表 2-2　净化灰的主要成分　　　　　　　　　　　　　　　　　　　　　单位：%

组分	磷	硫	硅	铝	锰	铁	钙	镁	固定碳
含量	0.012	0.78	0.30	0.42	0.62	0.46	20.82	31.2	45.9

三、电石炉及其工作原理

电石炉主要靠炉料中的电阻进行操作，最佳操作电阻应是不造成出炉困难，同时上层炉料不出现过高温度的最大数值，最佳操作电阻由经验确定。最佳温度由操作电流和电压条件决定，电石炉熔池温度以保持在 $2000\sim2200℃$ 为宜。

（一）电石炉体

电石炉体是电石生产的主要设备。在电石炉内，电弧产生的高温使炉料发生融化反应生成电石，温度高达 $2000℃$。炉体的容积必须大于反应所需的空间，反应区与炉衬之间留存一层炉料，用于保护炉衬。

炉体为圆柱形焊接结构，包括炉壳、炉舌、炉底支撑等，是反应生成电石的场所。炉壳底部安装有热电偶，用于控制炉衬温度。炉壳下部设有保护罩，用于对炉体进行隔热保护。炉体上设有 3 个出炉口，每个出炉口炉门均为水冷结构，出炉口炉舌为水冷耐热铸钢结构。

炉体的大小和电极距离的选择非常重要，当尺寸选择适当的时候，电流大部分从电极端头流经反应层、熔融层而达到炉底。这时候电石炉的操作十分顺利。否则，大量电流经炉料相互扩散层流到另一个电极，这样一来，电极不能深入炉内，炉内温度降低，炉内三相电极不通，电石流出困难，对生产十分不利。

（二）电极

电极系统是电石炉的重要设备之一，它把强大的电流导入电极端头，在炉内进行电弧燃烧，将电能变换成热能，提供电石生产的高温。通过电极的压放，可延续和调节电极的消耗速度，保持电石炉内生产状态，实现连续不断的生产。

电极的压放为液压控制，主要由压放装置、大力缸、电极把持器组成，它的升降、压放、夹紧、下料全部通过操作室由电极把持器传导大力缸实现。

电石炉工作时所需的大电流是通过二次母线和电极上的导电铜管以及电极柱下部的接触元件传给电极的。接触元件是水冷结构，由四组蝶簧连接而成，在弹簧力的作用下电极筋板被接触元件夹紧，以导通大电流。

1. 电极调节

正常情况下电石炉为自动调节，需保持在满负荷状态下工作，也允许适量超载运行，最高超载不超过 10%。不宜欠载运行，实际平均负荷控制在满载的 93% 以上。

炉内反应大多发生在电极以下和周围熔池内，熔池壁和炉衬间的炉料主要起耐火绝热作用。对入炉原料的成分、粒度、湿度和配比按有关规定要定期检查，以免造成电极焙烧不良和电极消耗增加。

三相电极应有良好的穿透状况，应经常测量电极长度，运行初期，至少每两天测量一次。电极端部至炉底距离的最佳值为 1.1～1.3m，其最佳距离由经验确定。

电极调节通过升降油缸上下移动电极实现。电极调节应考虑变压器的抽头长度，以获得理想的电极位置和电石炉负载。

电极调节方式：①由现场或控制室控制台的按钮手动调节；②恒定电阻，自动调节；③恒定电极电流，自动调节；④由计算机自动调节的方式调整和改变，由现场或控制室进行。

2. 电极操作

（1）密闭炉采用自焙电极。电极柱由充有电极糊的电极壳组成，新开炉子电极有焊制钢端头，电极壳可传输大部分电极电流。

电极壳应符合有关图纸的技术要求，搬运中要有可靠措施，使电极壳不产生塑性变形；电极壳应及时续接，续接操作的最低位置在操作平台之上约 500mm 处。电极壳的连接通过电焊实现，焊接质量要满足夹紧、导电、升降、压放密封等环节的需要，在电极壳内部上口处施焊时要有置换或吹除有害气体的措施，以防燃爆。电极壳续接操作按电极筒焊接标准进行。

（2）电极糊采用密闭糊。电极糊在 120～200℃温区熔化，在 400～600℃温区焙烧，由电极电流热及电极传导热提供主要热量，用加热器和风机调整烧结状况。电极柱从电极压放装置自上而下通过导电装置延伸到炉中的反应区。电极柱经外套装置及导电接触装置分别与升降装置及二次母线装置相连接。

电极糊高度应用测距仪经常检测，糊柱的高度约在导电接触器顶部之上 3.5～4.5m 处。电极工作端长度：自电极底环算起 1900～2000mm。电极正常压放量应低于安全压放量，每次压放量为 19～21mm。正常生产中，电极筒内不应有焦油、烟气逸出。

(3) 电极不宜在短时间内做大幅度滑动，以免干扰已确定的温区及使电极失常，如需要进行大幅度滑动，应降低电流，在温区正常后，再逐步提高电流。应经常注意电极的消耗、压放及焙烧速度趋于或保持平衡。电极开炉焙烧及断电极事故后的焙烧均按操作规程进行，各种焙烧均应均匀进行。

3. 电极焙烧的 3 个阶段

(1) 软化及熔化阶段　固体电极糊逐渐软化，电阻增大，强度降低，最后全部呈半流体状态。在此阶段，温度由 25℃ 左右上升至 120～200℃，位置在接触元件上部 500～800mm，在此期间，仅其中的水分和低沸点成分开始挥发。

(2) 挥发阶段　电极糊已充分熔化，沿着电极壳的内截面流动并填充糊块之间的孔隙，同时随着温度的升高，电阻不断降低，沥青分解并排出挥发分，最后呈半焦化状态。在此阶段，温度由 120～200℃ 上升至 650～700℃，位置大约在接触元件上部 3/5 处，此阶段比较关键。

(3) 烧结阶段　还有少量挥发分继续排出，由半焦化到全焦化，强度不断增加，电阻逐渐降低，基本上完成全烧结过程。位置大约在接触元件下部或接触元件中下部，温度由 650～750℃ 升至 800～1000℃。电流由接触元件传给电极，由电极传至电极头。低温时，电极糊电阻很高，随着焙烧温度的升高电阻降低，大部分电流通过已烧结好的电极输入炉内，如果电流通过烧结不好的电极时，便有可能烧穿电极壳而导致漏糊事故或电极软断事故。如果电极烧结过快，电极偏干，内三角比外三角干，容易发生设备烧损事故。

(三) 电石炉自动控制

采用 PLC 控制技术可以对炭材原料的干燥、电石炉的配料及加料、电极压放、电极升降、炉压监测、炉气除尘系统实现远程控制。

1. 电石炉上料自动控制

电石炉系统分为上料系统、电极控制系统两大部分。在上料系统中，中控室操作人员根据电石炉原材料的消耗情况启动上料系统，环形加料机接受来自配料站的混料后由操作工根据料仓实际料位显示的缺料情况，对缺料进行补料。然后将相应的犁式翻板通过气缸驱动伸出，将混料挡入缺料仓内，电石炉料仓料位由仓顶雷达物位计进行测量。

2. 电石炉过程自动控制

(1) 电石炉炉压　差压型压力变送器常用于测量电石炉炉膛压力（简称"炉压"）

变化，电石炉及净化工艺操作人员可以根据炉压的变化情况及时调整操作，安全生产。

（2）净化管道压力　用于观察炉气净化后送入气烧石灰窑或气柜的管道压力，保证送入石灰窑或气柜的煤气压力值或气柜柜位达到工艺设定要求。

（3）炉底温度　电石炉生产是高温加热过程，为确保电石生产过程中设备不因冶炼温度的持续上升而损坏，在炉底电极对应位置分别安装了 T1、T2、T3 三支 K 型热电偶，用于检测炉底温度。在荒气烟道上安装烟道测温点 T4，进一步控制抽出炉膛的荒气温度。

3. 底环和接触元件温度自动测量

用来测量底环和接触元件通水温度的热电阻是安装在水分配器底环和接触元件通水回水管道上的温度测量元件，是电石炉工艺安全操作重要的参数之一。

（四）炉气净化系统

炉气净化主要是使密闭电石炉冶炼后产生的高温尾气，通过净气烟道进入炉气净化装置内部进行沉降、冷却、精过滤，最终将净化合格后的尾气经煤气管道送入气烧石灰窑充当燃料，进行循环利用。

电石炉产生的 $600 \sim 1000℃$、粉尘含量较高的炉气经过净气烟道，在粗气风机的作用下进入沉降器，将炉气中 $40\% \sim 50\%$ 的大颗粒粉尘沉降后经过卸灰阀进入链板式输送机，最终输送至储灰仓。从沉降器出来的高温炉气经过空冷器进行降温（$180 \sim 250℃$）后再经过粗气风机，送入三个布袋仓进行精过滤，然后经过净气风机，将粉尘含量较少的一氧化碳气体通过炉气管道送至增压风机再送入气烧石灰窑作为燃料。

（五）电石炉炉压及炉气的处理办法

电石炉有两种运行方式：闭炉运行和开炉运行，闭炉运行是炉龄期内的标准运行方式。

闭炉运行时，不许空气进入炉内，炉内压力为微正压，炉气经排气系统抽取。闭炉运行时的炉气主体成分是 CO。CO 有毒、易爆，厂房内备有必要的 CO 检测器，远程控制画面显示现场 CO 浓度值，报警系统应保证正常。

开炉运行时，容许空气进入炉内，空气入炉后，CO 燃烧后生成 CO_2，产生高温（$>600℃$），造成炉面温度升高。开炉运行通过打开检查口的盖子来实现，具体操作应符合相关操作手册的规定。

停炉前（不包括突发停炉）及炉气利用系统关闭前也都采用开炉运行。炉气可通过粗气烟囱或炉气利用系统烟道排出。应用荒气烟囱时，开炉运行和闭炉运行可相互转换，开炉运行时，应注意调整炉压，使炉气中 CO 完全燃烧，闭炉运行时，及时用点火设备点燃粗气烟囱的火炬。

开炉时，在需要控制电极焙烧和需要快速检查料位期间，必须启用粗气烟囱。运行过程中，炉气利用系统需要停车时，必须启用荒气烟囱。炉气利用系统运行时，开炉运行和闭炉运行可以互相转换，转换过程中的炉压、负载级数的调整及人工配合均要符合要求。

（六）电石的排出

电石质量不应低于国家标准规定，通常含 CaC_2 为 $78\%\sim82\%$，$20℃$ 发气量为 $290\sim305L/kg$。电石排出前应按有关质量管理规定的要求进行炉前质量分析，其热样分析指标应比标准要求的指标高 $5\sim10L/kg$。

出炉间隔为 1 次/h，实际操作中可根据情况适当调整。出炉操作按有关规定的要求进行。

第三节　电石生产存在的问题、预防及处理措施

1. 电极软断

（1）电极软断的现象及应急处理

出现电极软断时电极电流瞬时升高，电极电压降低，电石炉氢气含量升高，炉温大幅度上升，炉压急剧升高，严重时电极筒冒黑烟。

处理措施：立即紧急停电，全开荒气烟道蝶阀，使得炉内形成较大负压，防止 CO 窜至电极筒发生爆炸，千万不可提动电极。

① 一旦发现电极软断，应立即停电，操作人员应立即疏散，迅速将电极下降，深入炉内，设法不使电极糊外流，并迅速松开电极使其和断头相连接，把电极附近的电极糊撬开扒掉，然后送电，以低负荷焙烧。软断的那一相电极不允许提升，负荷可根据电极焙烧情况而增加。

② 如果断头接不上，而电极糊已干涸，无流动的可能，此时将电极再放出一些（数量根据电极尺寸决定）。以低负荷焙烧，负荷可根据电极焙烧情况而增加。

③ 如果电极头接不上，电极糊很稀，还可能大量涌出或电极糊流出太多，近于流空，此时应再焊一节有底的铁壳，与新炉开炉采用的电极头相似，加新电极糊，低负荷焙烧，但应特别注意电极送风量和接触元件的冷却水量。

（2）电极软断的原因

① 电极烧结不好，电极下放时和下放后，未能适当控制电流，以致电流过大，烧坏电极壳造成电极软断。

② 焊电极壳时，焊接质量不好，开焊脱落。电极铁壳制作不良或焊接质量不好，引起破裂，导致漏糊或软断。

③ 电极糊质量不合格，如挥发分过多，电极过软。

④ 电极糊加入不及时，加电极糊的位置过高或过低。

⑤ 电极糊块过大，在筋片上搁住而架空，长时间蓬糊也可能引起软断。

⑥ 下放电极太频繁，间隔时间太短，或下放电极后，电极过长，引起软断。

⑦ 当下放速度大于烧结速度，正在焙烧中的糊段露出，或即将露出导电元件，电极壳就承担全额电流，倘若电流适当，电极壳能承受全部电流通过（在安全电流之内），仍能保持足够的抗拉强度。

（3）电极软断的预防

① 电极送风量要合理控制，认真做好巡视检查，及时调节风量，确保电极焙烧能正常进行。

② 压放电极时要提高警惕，升负荷要胆大心细，利用降低负荷机会勤观察电极，做到心中有数。

③ 应及时检查电极糊质量，不使用质量不合格的电极糊。

④ 严格检查电极铁壳和焊接质量，一定要符合技术条件所规定的质量标准。

⑤ 加强电极管理，按规定下放电极，认真控制间隔时间，按时填充电极糊，保持规定的高度及电极工作长度。

2. 电极硬断

（1）电极硬断的现象

① 电流忽然下降。

② 电极电流暂时上升后急剧下降。

③ 电极电压突然升高。

（2）处理措施

① 为防止设备损坏应紧急停电，同时快速提升该相电极。

② 如断头很长，需人工进行扒料，越深越好，使用牵引设备配合人工，将断头拉出，然后根据剩余电极长度进行压放，送电焙烧。

③ 如果断头不长，此时可以把断头扒出来，也可以不扒出来，然后下放电极，进行焙烧。

（3）导致电极硬断的原因

① 电极糊所含的灰分过高，平时保管不妥，夹带杂质较多，电极糊所含挥发分过少，过早烧结或黏结性差，引起电极硬断。

② 停电次数多，在停电时没有采取必要的措施，造成电极开裂和烧结分层。

③ 电极壳内落入粉尘较多，造成电极烧结分层，从而引起电极硬断。

④ 停电时间较长，电极工作段没有埋入炉料内而受到严重氧化，送电后负荷提升过快。

⑤ 电极工作长度过长，拉力太大，对电极本身是个负担，如操作粗心，也会引起硬断。

⑥ 电极把持筒送风量太小或停风，造成电极糊熔化过度，使颗粒碳素材料沉淀，影响电极的烧结强度，引起电极硬断。

（4）预防措施

① 严格控制电极工作长度，不允许过长。

② 严格检查电极糊质量，其所含的灰分不能超过标准规定。

③ 正常生产时不允许灰尘落入电极壳内。

④ 认真检查电极的送风量。

⑤ 加强设备维护，提高检修质量，减少计划外停电。

⑥ 停电后特别是在冬季，要立即用热料将电极四周培上，以达到保温和防氧化的目的。送电后，负荷不要提升过快。

3. 炉内频繁塌料的原因和措施

炉内频繁塌料应首先考虑：

① 炉内是否漏水；

② 电极插入料面过浅；

③ 原料水分高；

④ 原料粒度过小，粉末率高。

措施：

① 降负荷检查炉内设备是否漏水，如漏水应及时处理漏水点；

② 严格控制电极入炉深度；

③ 控制原料水分及粒度，保证原材料质量。

4. 电极压放困难的原因

① 电极筒与导电接触部件或底环有黏结；

② 电极筒有卷边现象；

③ 电极筒上有油类，电极夹紧油缸（卡钳）打滑；

④ 油缸夹紧力不够，窜油，密封圈损坏；

⑤ 电极筒漏糊，凝固后与底环粘死；

⑥ 电极过长，电极头与料面顶死；

⑦ 电气控制系统失灵；

⑧ 液压油压不足，缺油或油压软管破裂，泄压；

⑨ 卡钳已磨损，没有摩擦力。

5. 炉气净化系统大量漏气，防爆膜爆裂应急措施

（1）通知配电工打开荒气烟道蝶阀。

（2）净化系统紧急停车。

（3）佩戴正压式呼吸器，打开事故地点氮气阀门，防止二次爆炸。

（4）紧急疏散净化系统周边人员，防止 CO 气体泄漏造成人员中毒，并清点人数。

6. 蓬糊的原因和预防措施

（1）蓬糊的原因　该现象是电极糊块在电极壳内悬住，在电极糊与电极糊之间出现较大的空隙。此现象一旦发生即可引起电极的软断或硬断。

① 长时间停炉：电极壳内落入异物，如铁片、铁筋、木板等。

② 糊柱高度控制不稳定：糊柱太高，电极上部温度太低，电极糊难以熔化下沉。糊柱高度控制不稳定，分层现象出现，造成悬料。

③ 电极糊质量差：电极糊粒度不合适，大小不均。

④ 电极温度不够也有可能造成蓬糊。

⑤ 北方地区季节交替，温差较大，产生一定影响。

（2）蓬糊的预防

① 加强管理，减少停炉次数。

② 勤测量糊柱，控制好糊柱高度，电极糊勤加少加。

③ 使用指标合格、质量较好的电极糊。

④ 调节好电极加热器温度，使电极温度恒定。

⑤ 在设备允许情况下，可适当提高循环水进水温度（根据实际温度控制）。

7. 料层结构破坏的主要原因及预防措施

（1）主要原因

① 加副石灰较多或炉料配比低。

② 明弧操作。

③ 炉内漏水、原料水分高导致频繁塌料。

④ 出炉时间与冶炼时间不成正比，三相熔池不通。

⑤ 出炉量大于投料量。

（2）预防措施

如想稳定料层结构，应该从以下方面着手。

① 稳定电石炉负荷及产品质量。

② 及时出炉，避免憋炉，控制电石炉出入平衡。

③ 避免频繁调整炉料配比或加灰。

④ 稳定电极入炉深度，使得三相电极尽可能在同一水平面做功，并保证三相畅通。

8. 电石炉料面结壳

原料中水分、灰分过多，电极入炉深度不够、负荷波动、负压操作均有可能造成料面结壳，料面结壳有以下危害。

（1）降低了炉料自由下落的速度，减少投料量，使电石炉减产。

（2）阻碍炉气自由排出，增加炉内压力，最后发生喷料和塌料等现象，影响电石炉正常操作。

（3）增加支路电流，电极不易下插，电损耗较多。

9. 电极不下，吃料很慢的原因及处理措施

（1）原因

① 电极工作端较长。

② 电石发气量长时间过低，出现翻电石前兆。

③ 电石发气量长时间偏高，导致炉内积碳。

④ 前期未按时出炉，炉内积存大量液态电石。

⑤ 电子秤故障或偏加料。

⑥ 炉温低，熔池较小，投料量多，超过出料量。

（2）处理措施

① 减少电极压放次数，控制电器参数及电石发气量，加快电极消耗速度。

② 调整炉料配比，提高炉温，及时处理，避免造成翻电石。

③ 降低炉料配比，如较为严重可视具体情况加入少量副石灰，增大炉料电阻，使电极下插，保证电极入炉深度。

④ 增加出炉次数，多出电石，降低电极位置。

⑤ 检查配料系统，保证加入正确配比的炉料。

10. 出炉时电石流速较快，且呈现红色是什么原因

在正常生产情况下，应该保持高配比、高质量、高炉温，当出炉时，电石以一定的速度向外流出，发出耀眼的白光，操作台上温度较高。有时电石流出的速度很快，而且呈现红色，但操作台温度并不是很高，这是配比低、质量低、炉温低的现象。当出现这种情况时，应立即提高炉料配比，以便提高电石质量和炉温。

11. 炉底上涨的原因

（1）由于操作不当和设备维护不好，造成了经常停炉，这样开开停停，炉温变化频繁，炉渣易于沉积炉底，炉底就会上涨。

（2）操作紊乱，电极忽上忽下，造成出炉困难，炉底易积渣。出炉时捅炉捅得不深，炉内的氧化物和硅铁不能随电石流出来，造成炉底上涨。

（3）使用了含杂质较多的原料，没有及时采取措施，原料中的杂质积存炉底，造成炉底上涨。

（4）电石炉的电气参数和几何参数不合理，造成电极不能以适当深度插入炉内，使炉底上涨。

12. 出炉过程中通水炉门框漏水应急处理

立即关闭阀门，并疏散人员，牵引电石锅至安全区域，封堵炉眼，维修补焊漏水处。出炉前应仔细检查炉门框是否完好、通水。

第三章

原料生产工艺

第一节　麦尔兹石灰窑工艺

麦尔兹并流蓄热式双膛石灰窑是由通道相连的两个窑筒组成的竖窑，其工作原理如图 3-1 所示。

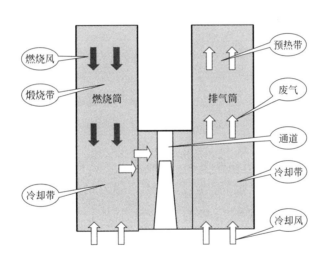

图 3-1　麦尔兹石灰窑工作原理

麦尔兹并流蓄热式双膛石灰窑有两个窑膛，两个窑膛交替轮流煅烧和预热矿石，在两个窑膛的煅烧带底部之间设有连接通道彼此连通，约每隔 15min 换向一次以变换窑膛的工作状态。在操作时，两个窑膛交替装入矿石，燃料分别由两个窑膛的上部送入，通过设在预热带底部的多支喷枪使燃料均匀地分布在整个窑膛的断面上，使原料矿石得到均匀的煅烧。麦尔兹窑使用的是流体燃料，如煤气、油、煤粉等。

一、麦尔兹窑的特点

（1）助燃空气从窑体上部送入，煅烧火焰流在煅烧带与矿石并流。在所有竖窑中，双膛窑的并流带最长，由于长行程的并流煅烧，石灰质量很好，残余 CO_2 ＜ 1.5%，活性度可以保证在 370mL（4mol/L 盐酸）。

（2）由于两个窑身交替换向操作，废气直接预热矿石，热量得到充分利用，单位产品热耗最低，热回收率超过 83%；其热损耗可以达到 3350～3720kJ/kg；最低的热耗意味着最低的运行成本，比如一座日产 600t 以煤粉为燃料的石灰窑（见图 3-2），标准煤煤耗为每吨石灰产品 114～120kg。

图 3-2　日产 600t 的麦尔兹窑

（3）麦尔兹石灰窑可使用各种气体、液体及固体燃料，气体如天然气、丙烷、丁烷及石油气、焦炉煤气、转炉煤气、电弧炉煤气、电石炉气；液体如轻、中及重燃油，石脑油，煤油，废油；固体如煤粉、木粉。也可以固体和气体混烧。

（4）带悬挂钢结构的麦尔兹窑可自由垂直膨胀，无刚性限制，独特的耐火材料结构设计使窑内气流更加顺畅，将通道清理问题降低到了极低水平。耐火材料总量比传统型降低约 20%～30%，比套筒窑节省耐火材料约 50%。

（5）最少排放值（氮氧化物及其他）。

（6）最大的产量范围（日产 100～800t）。

（7）可 100% 采用国产耐火材料，且寿命可以达到 6～7 年。耐火材料异形砖少，砌筑简单。大修费用低。

（8）排出的废气中粉尘和温度都较低，废气中含尘浓度一般不超过 5g/m³，废气温度正常情况下＜120℃，易于采取废气净化处理措施，有利于减轻环境污染。

（9）产量范围广，可以自动调节控制。

二、麦尔兹窑的工作原理

麦尔兹窑有两个平行的窑膛，并通过窑体下部的连接通道相连，煅烧工艺有两大特点：并流和蓄热。所谓并流就是在石灰石煅烧时，燃烧产物和石灰石一起并列向下流动，这样利于煅烧出高质量的活性石灰。所谓蓄热就是窑膛 1 的燃烧产物——高温废气通过两窑膛下部的连接通道进入窑膛 2。在窑膛 2 高温废气向上流动，将预热带的石灰石预热到较高温度，把热量积蓄起来。同时高温废气下降到一个很低的温度后排出窑膛。冷却空气和热的石灰发生热交换后亦将热量储存起来，参与冷石灰石的热交换。这种工作原理充分地利用了废气和石灰余热，保证窑具有很高的热效率。麦尔兹双膛竖窑两个窑膛的功能（煅烧和蓄热）交替互换，即一个窑膛煅烧，另一个窑膛蓄热，12～15min 后开始换向，两个窑膛的功能也随之互换。其详细的生产工艺叙述如下（煅烧原理见图 3-3）。

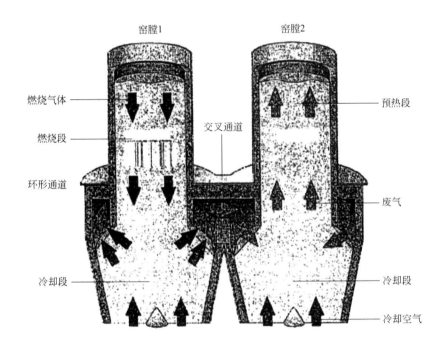

图 3-3　麦尔兹石灰窑煅烧原理

麦尔兹双膛竖窑属于正压操作，在正常生产情况下，连接通道处压力保持在 15～35kPa 之间，并且始终是煅烧的窑膛压力高于非煅烧的窑膛压力，从而保证了气体在窑体内的正常流动。

在第一个煅烧周期，助燃空气从窑膛 1 的顶部进入，并在压差的作用下向下流动。在预热带的助燃空气一边向下流动，一边被预热的石灰石预热升温（在烘窑期间，石灰石已被热烟气预热到较高温度）。在到达煅烧带时，与此处均匀布置的喷枪输送进来的煤气混合。因为此处的石灰石已具有很高的温度，当空气和煤气的混合物接触到赤热的石灰石时，便立即燃烧。这样，空气和煤气的燃烧产物和石灰石一起向下流动，这个工艺过程就称为"并流"。并流能够使燃烧火焰与原料石灰石直接接触，并且石灰石在很高的热交换效率下开始煅烧。在到达煅烧带末端时，燃烧废气温度相对降低，但可保证石灰石在均匀轻烧状态下完成煅烧。

煅烧完成后，生成的石灰进入冷却带，与从窑底供入的石灰冷却空气接触，进行热交换，使石灰温度降到 $60\sim80℃$，然后进入窑底料仓，再经窑底振动给料机卸出。石灰冷却空气与石灰完成热交换后，温度升高，积蓄热量，上升到连接通道处，与燃烧废气混合，进入窑膛 2。

在窑膛 2 内，废气由下向上上升，穿过煅烧带后，到达预热带。在预热带，刚装入的石灰石相当于一个大的热交换器。废气与石灰石接触进行热交换，把余热释放给石灰石后温度下降到 $90\sim120℃$，从窑顶排出。石灰石吸收了废气余热后，温度升高，把热量积蓄起来，等待下一周期来预热从窑顶供入的助燃空气（这种石灰石先吸热再放热的工艺过程就称为"蓄热"）。一个煅烧周期完成后，各种气体介质发生以下变化。

（1）助燃空气和石灰冷却空气停止向窑内供入，打开各自的释放阀排入大气。

（2）煤气停止向窑内供入，从大回流管道回到煤气管网中；各换向阀（包括助燃空气和废气换向阀、煤气换向阀、喷枪冷却空气换向阀）开始换向，换向时间约需 $50\sim60s$。换向期间，活性石灰从窑底卸出。换向完成后，助燃空气和煤气进入窑膛 2；喷枪冷却空气转入窑膛 1 喷枪，对喷枪进行冷却；燃烧废气从窑膛 1 顶部排出；石灰石从窑膛 1 顶部装入。这样第二个煅烧周期开始。

三、麦尔兹石灰窑开停车步骤

1. 冷开窑步骤（开窑设备所具备的条件）

① 窑体砌筑完成，确认合格，将窑膛内杂物清理干净。

② 全部设备安装调试完毕。

③ 与开窑相关的压缩空气、煤气、水、电、氮气等能源介质均按相关技术要求准备就绪。

④ 电气自动化仪表、计算机程序、软硬件、报警及显示信号安装调试完毕，达到使用要求。

⑤ 窑本体、煤气、氮气、空气各管道阀门打开合格，喷枪各阀门确认为关闭状态。

⑥ 确保与开窑相关各"手动""自动"开关微机显示与实际情况相符。

⑦ 所有设备联动试车完成。

⑧ 现场杂物清理干净。

2. 开窑前的准备工作

① 粒度 40～80mm 石灰石准备充足，外排用车辆提前联系好。

② 点火器材、材料准备：电子点火器调试好，并准备木材 $1m^3$、浸油若干、火把两个。

③ 点火用煤气条件：点火开窑采用电石炉气，热值约为 $12000kJ/m^3$，点火前要完成氮气置换管道内空气操作和煤气置换管道内氮气操作，同时与电石炉气供应部门做好沟通，保证电石炉气的充足供应。

④ 安全防护措施准备：现场准备好便携式 CO 报警仪、空气呼吸器、灭火器，拉好警戒线，无关人员不得接近现场。按照煤气事故应急预案要求做好应对突发事件的准备。

3. 开窑操作

（1）装料

① 在整个装料过程中，卸料装置处于连续运转状态，卸料量约为装入量的 10%，以减少石灰石与窑墙的粘接或拱桥的形成。

② 当两个窑膛内的石灰石料位达到燃烧喷枪下方 1m 处，停止装料和卸料，施工人员进入窑内检查并调整煤气喷枪是否平直和处于正常状态。

③ 上述工作完成后，窑内继续加料，直到电脑上的石灰石料位计开始出现指示为止。停止加料并打开人孔门观察两个窑膛内的石灰石料位是否相同，如果不同补入石灰石，直至两窑膛料位相同为止。

④ 加料过程中，冷却空气风机和喷枪冷却风机应处于运行状态，防止堵塞冷却空气管道和喷枪。

（2）通道点火

通道点火前要再次检查下列准备工作。

① 向窑内再次装入石灰石，直到两个窑膛料位指示器上出现指示为止，两个窑膛再一次人工卸料以确保石灰石能顺畅地卸出。

② 石灰窑的全部辅助设备做好使用准备。

③ 装在助燃空气管道上的蝶阀关闭使助燃空气只能流向点火烧嘴。

④ 点火烧嘴下方的通道内，装 $1m^3$ 左右木材，然后将浸泡过油的破布放在木材上面。

⑤ 确认点火烧嘴上的煤气输入管道上的球阀关闭。

⑥ 石灰窑的所有其他阀门均按正常操作定位。

⑦ 换向阀定位在使烟囱打开位置。

⑧ 电石炉气管道打开。

⑨ 计算机处于"点火"模式。

（3）工艺参数设定

产量 20t/d，每周期生产石灰 1488kg，24 个周期循环，燃烧时间为 3480s，热耗 3200kJ/kg，过剩空气系数 1.15，每兆焦耳煤气最少需要空气量 0.20～0.21m³，冷却空气系数 0.7m³/kg，双膛加料，废气通窑顶烟囱，冷却空气手动阀开度调至 50%。

（4）点火操作

① 启动一台电石炉气加压机，设定开度为 10% 左右。

② 用火把通过烧嘴或烧嘴邻近的拔火孔点燃木材，并不断观察连接通道内火焰燃烧情况（木材靠自然通风，风量可以通过打开或关闭卸料台上人孔门调节）。

③ 木材燃烧旺盛后打开点火烧嘴上的助燃空气阀门，向窑内通入助燃空气，随后在计算机上点"窑开"按钮，自动打开点火烧嘴上的电石炉气电磁阀后启动电子点火器，并手动打开点火烧嘴上的蝶阀向窑内通入电石炉气。

④ 当点火烧嘴点火后，根据火焰情况调整煤气加压机开度、电石炉气管道蝶阀、助燃空气调节阀使炉气达到充分燃烧状态。

⑤ 点火烧嘴电石炉气正常燃烧后，在点火烧嘴上装上火焰探测器，开关设定在"开"的位置，用以监控电石炉气燃烧情况，如果点火烧嘴发生灭火情况，电石炉气管道上的电磁阀将自动关闭。

⑥ 根据窑体升温曲线调节电石炉气和助燃空气供给量，确保烘窑的实际升温曲线与理论曲线吻合。

（5）喷枪点火

① 当通道温度升到 800℃ 以上后，在点火烧嘴周围区域内已经形成高温区，达到了电石炉气点燃温度，停止点火烧嘴电石炉气供应。

② 在窑换向前 10s 内点击"关"按钮，使窑停下来。

③ 将计算机上的窑程序选择开关设定在"生产"位置。

④ 重新设定窑工艺参数。

产量：400t/d

周期加料量：7118kg

热量输入：3250kJ/kg

冷却空气系数：0.6～0.7m³/kg

过剩空气系数：1.15～1.20

⑤ 打开助燃空气管道上的蝶阀，关闭通向点火烧嘴的空气管道上的蝶阀。

⑥ 启动喷枪冷却，将助燃风机，冷却风机模式点至自动状态并使其处于预选模式。

⑦ 启动两台煤气加压机，按照正常热开窑程序开窑（等电石炉气喷枪燃烧 4h 后，拆除点火烧嘴）。

注意加热时的惰性；切换为喷枪供热后，部分热量没有传递到工艺煅烧中，而只是传递到耐火内衬。这一阶段大约 5d 后会稳定。只有这时工艺调整才会开始。

⑧ 废气温度至少达到 100℃ 以上后，才可进入除尘器运行。

注意工艺的惰性；改变窑的参数，其效果只能 1~2d 后才能判断出来。

⑨ 继续给窑膛内供入热量，将通道温度控制在 950℃ 以上。

⑩ 石灰窑自动上料和出料，并随时观察出料情况以判断石灰煅烧情况。

（6）转入试生产

① 喷枪点火初期，生烧较多的石灰可通过专用外排装置排到石灰石料场。大约 5d 后，可生产出第一批可用的石灰。

② 通过人工观察和质量部门取样化验，当石灰满足质量要求时直接送往电石炉使用。

③ 当 450t 产量出灰正常后，按每次 30t 逐渐增加窑的产量，直到达产。窑的产能增加到额定产量大约需要 4d。

4. 热开窑步骤

① 与净化工联系，确认气柜活塞高度、煤气量是否满足送气要求，能否开窑。

② 巡检工在加压站、风机房确认是否具备开窑条件。

③ 确认各系统是否正常，重点观察大、小回流阀及其他煤气系统阀门、阀位是否正常。

④ 选窑模式为"生产模式"。

⑤ 启动煤气加压机，确认进出口电动蝶阀、大小回流阀门动作到位。

⑥ 启动液压泵。

⑦ 启动喷枪冷却风机。

⑧ 开启废气除尘风机，对废气除尘器进行预热。

⑨ 喷枪冷却风机运转 3min 后，点"窑开"按钮。

⑩ 根据中控画面显示及时调整热能输入、过剩空气系数、石灰冷却空气单耗等。

5. 停窑步骤

① 正常停窑时必须与净化工、调度沟通确认，及时调整气柜活塞高度（紧急情况除外）。

② 按"窑关"按钮，停止石灰窑运行，断开光学高温计以防止烧坏。

③ 如果停窑超过 10min，应停止废气除尘器。

④ 停窑 15min 后关闭喷枪冷却空气风机。

⑤ 当停窑超过 2h，窑顶废气换向阀关向窑顶烟囱，窑上所有的门和阀门都必须检查，确保密封良好，这样就可使窑内保持足够的点燃温度。

⑥ 根据停窑持续时间，可以按时间间隔手动活动窑内物料，防止窑内结块，通过料位指示器观察石灰石料位下降情况。若料位下降可手动补料。

⑦ 如果长时间停窑，就要关闭窑换向阀及释放阀上的液压切断阀，并停液压油泵。

⑧ 停窑后，通过指示器和记录仪，检查窑连接通道的温度，如果温度较低，必须装上点火烧嘴重新点火，使窑达到操作温度。

⑨ 停窑后，必须保障卷扬机小车在下停车位，禁止小车在窑顶待料的情况发生。

第二节　双梁石灰窑工艺

一、工艺流程简述

（1）原料筛分部分　原料使用翻斗车或铲车由原料厂送入收料仓，装满为止。原料从收料仓通过输送皮带运到转运站，在转运站设有单层振动筛，原料在此处筛分。筛上料进入窑前料仓，筛下料进入废料储运斗。

（2）竖窑部分　包括上料系统、燃烧系统、导热油系统。

① 上料系统　当窑体料位计指示需要装料时，窑前料仓下部的电机振动给料机（处理能力 100t/h）开始工作，向上料小车（装料 2t）内装料，延时 30～90s（可调）后停止装料，延时 2～5s 启动卷扬机，由卷扬机牵引料车沿斜桥轨道上升，料车到达窑顶后通过窑顶布料器（窑顶布料器为双段式布料器，以防止卸料时窑外空气进入窑内）将原料装入窑内。

② 燃烧系统　物料进入窑内均匀下落，依次经过储料带、预热带、煅烧带、冷却带，转化为成品活性石灰进入出灰储运工序。

在储料带设置有 1 层 3 根上吸气梁，上吸气梁横贯于窑截面上，梁上有均匀布置的吸气口，以保证窑内废气均匀地排出窑外，有效防止了窑壁效应。

预热带为物料初步升温阶段，物料吸收气流热量后温度逐步升高，可以有效利用热量，减少热能损失。

在煅烧带设置有 2 层 5 根燃烧梁（上 3 下 2），烧嘴形式为电石尾气专用烧嘴。煅烧区域布满窑内整个截面，煅烧带温度 1100～1250℃，石灰石在此处经过均匀煅烧，转化为活性石灰。

在冷却带设置有 1 套窑下冷却器，通过窑下冷却风机鼓入冷风，将成品石灰冷却到 100～120℃。

在此系统内助燃空气经过换热器后温度提高到 200℃ 左右，然后进入燃烧梁和周边烧嘴，助燃空气主要由助燃风机提供。窑内废气一路向上经过上吸气梁排出窑外（在此设计中预留管道接口），经过空气换热器换热后进入主除尘器，除尘后废气含尘量为 80mg/m³，进入主引风机，通过 50m 高烟囱排入大气。

③ 导热油系统　在整个系统中，导热油系统是石灰窑的一个关键组成部分，它主要负责上、下燃烧梁的冷却，以保证设备的正常使用。

导热油系统的主要设备有储油罐、电动加油泵、散热器、过滤器、离心油泵组、膨胀罐。

导热油系统工艺流程：电动加油泵将导热油从储油罐（容量 3140L）注入循环系统。启动循环油泵，导热油顺着进油管进入上、下燃烧梁，将设备冷却下来，然后顺着回油管回到散热器。散热器上装有三台轴流风机，风量 $58841m^3/h$，油温＜150℃时，三台轴流风机全停；油温＞155℃时，启动 1 台轴流风机；油温＞160℃时，启动 2 台轴流风机；油温＞170℃时，启动 3 台轴流风机，温度降下来以后进入过滤器，从过滤器再回到循环油泵。

导热油系统可以进行自动控制。系统装有热电阻温度计、流量传感器、压力传感器等自动监控设备，确保导热油系统工作正常。

（3）出灰储运系统　煅烧的成品石灰通过窑底均匀布置的 4 个出灰斗卸料，在每个出灰斗下面设有电磁振动给料机，在电磁振动给料机下面设有称量装置（此处为连锁控制），能够对每个出灰口的出灰量进行调节，以保证在整个窑截面上出灰均匀，防止出现偏窑现象。从称量装置出来的石灰直接进入储料斗，储料斗中的料通过电机振动给料机卸到窑下平皮带。

二、工艺流程图

工艺流程见图 3-4。

三、梁式竖窑技术特点

（1）窑操作弹性大，从 50%～110% 任意调节，均能实现稳定生产，而且不影响石灰质量和消耗指标。

（2）适用多种燃料：天然气、煤粉、电石炉尾气、焦炉煤气、混合煤气、高炉煤气（热值≥750 kcal/m³）或煤粉与煤气的混合燃料。

（3）热耗低，热能利用合理，二次空气通过冷却石灰预热，一次空气通过预热器预热进入燃烧梁，燃料完全燃烧，热值充分利用。

（4）采用低热值燃料，空气、煤气双预热；采用高热值燃料，只预热空气。

（5）应用低热值燃料，除保留原窑型双层烧嘴梁外，还设置了周边燃烧系统，使煅烧截面更加合理。

四、窑体结构特点

（1）窑体呈准矩形，窑体设置上下两层烧嘴梁和周边烧嘴，窑体上部设置窑气抽出管（上吸气梁），窑气抽出管上部为储备石灰石区域，抽气管至上层烧嘴梁之间为预热区，利用高温煅烧后的窑气预热石灰石至煅烧的温度，上层烧嘴梁和下层烧嘴梁之间的区域为煅烧区，石灰石均匀煅烧成活性石灰，此区域根据石灰质量、产量要求加以调节。

（2）石灰石通过窑顶加料门进入储备区，均匀分配于窑截面上，窑顶的两道密封门自动密闭，阻止空气在加料时进入窑内，因而不影响窑顶的负压。石灰石加入窑内缓慢往下移动，煅烧分解成产品——活性石灰。

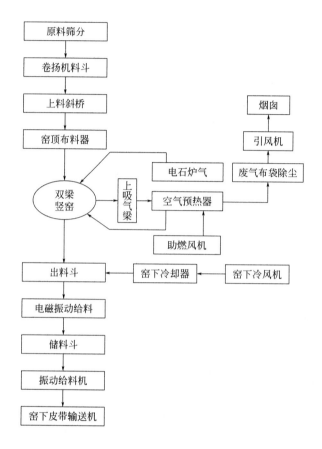

图 3-4 双梁石灰窑工艺流程图

（3）两层烧嘴梁是该窑的技术诀窍和核心部分，烧嘴梁采用导热油冷却。根据产量梁内设置若干个烧嘴，使多点供热的范围覆盖石灰窑整个横截面，通过调节各烧嘴组分配比来保证供热均匀，通过调节空燃比来保证燃烧效率。从而保证了石灰的生过烧率和高的活性度。

（4）窑上层设一层窑气抽出管即上吸气梁，梁下设有多个分布均匀的开口，窑气通过开口由吸气梁抽出，保证窑内整个截面的负压分布均匀，使该窑整个断面的气流分布均匀和顺畅，保持最佳燃烧效果和最低燃料消耗。

（5）在窑下层冷却带位置设置一套窑下冷却器，冷风从冷却器鼓入，使石灰冷却，换热后的空气上行至煅烧带参与燃烧。

（6）窑体横贯 1 层窑气抽出管、2 层烧嘴梁和出灰机构，耐火材料表面垂直、规整、无异形，因而该窑结构简单，钢结构和耐火材料用量小，维修量小，操作费用低，热能耗、电耗比较低。

五、梁式竖窑设备参数

1. 竖窑主要技术指标

竖窑主要技术指标见表 3-1。

⊡ 表 3-1　竖窑主要技术指标

名称	数值
竖窑型式	双梁窑
竖窑座数	4 座
日产量	170t/d
竖窑有效内径	4490mm×3240mm
竖窑有效高度	21m
竖窑有效容积	280m^3
烟尘排放浓度	80mg/m^3
年产量	22.4×10^{4}t
竖窑大修周期	5 年

2. 空气和废气系统

（1）空气管道公称通径：DN600（进出换热器的管道）。

（2）助燃风机流量：11056m^3/h；风压：9195Pa。

（3）冷却风机流量：6762m^3/h；风压：5180 Pa。

（4）炉窑集气罐至换热器废气管道公称通径：DN700。

（5）换热器至除尘器管道公称通径：DN1000。

（6）引风机流量：60000m^3/h；风压：12000Pa。

六、双梁石灰窑开停车步骤

1. 开车前检查

① 检查各料仓料位是否正常，窑内是否缺料。

② 检查膨胀罐油位在正常位置。

③ 检查所有阀门关闭到位，法兰、阀门不存在跑、冒、滴、漏现象。

④ 检查点火棒是否准备到位。

⑤ 检查大小旋塞阀是否能够正常开关。

⑥ 检查窑壳、窑体，要求达到无开裂、不漏气。

2. 开车操作

① 确认燃烧梁配风阀开度正常，快切阀自动打开。

② 自动投灰后启动主引风机、助燃风机、冷却风机，控制窑体压力在—100Pa。

③ 打开增压风机进口氮气阀门，启动增压风机，通知净化工序送气，打开风机进、出口阀门后逐步提高风机频率，关闭风机进口氮气阀门。

④ 煤气管道压力超过10kPa时打开放散阀，逐步打开窑上旋塞阀。

⑤ 确认煤气在窑内燃烧（未燃烧使用点火棒点火）。

⑥ 主控工通过调整主引风机频率，控制窑体负压在指标范围内。

⑦ 确认各个系统联锁投运。

3. 停车操作

① 各岗位人员做好停窑前准备，关闭石灰窑上放散阀及周边烧嘴阀门后通知净化工序停止供气。

② 关闭增压风机进出口阀门，上、下燃烧梁处大、小旋塞阀。

③ 关闭快切阀，停增压风机、助燃风机、主引风机。在上述操作结束后保持窑体在—20Pa运行5min后停止。

④ 并联平台处阀门不动，根据停窑的时间进行集中出料，停窑后冷却风机保持15Hz运行。

⑤ 根据出料情况，可采取集中操作方式给窑内上料，以保持窑内的料位高度。

第三节　卧式烘干窑工艺

一、生产工艺介绍

（一）沸腾炉设备结构特点

（1）燃烧时沸腾炉中呈沸腾状态，燃烧层正常燃烧温度为850～1100℃。

（2）由于鼓入高压空气，炉内空气过量系数高，形成强氧燃烧，燃烧和燃尽条件好。

（3）沸腾层内受热面积大，传热强烈，易于燃烧。炉膛内单位容积热强度高。

（4）用煤量少，垂直段仅5%的煤燃烧，其余95%均为热渣，节煤效果好。

（5）炉床面积小，使燃烧的沸腾高度及风压、风速增加，司炉工操作更容易，对异常情况特别是结渣的早期处理更及时。

（6）采用较厚的保温层，可减少炉体热散失，炉温变化较小，有利于延长炉体的使用寿命。

（7）操作系统采用热工仪表和微机连锁监控，温度、煤耗、烟气粉尘浓度、NO

和 SO_2 含量等主要参数均能监控、记录和显示，为操作者提供依据。

（二）工作原理

组合式三筒烘干机由三个不同直径的同心圆彼此镶嵌组合而成，烘干机的主体通过两端的轮带水平旋转在两端的四个托轮上。筒体的入料端连接热源，卸料端设有防尘罩及自动下料装置，防尘罩通过管道与除尘器相连。除尘设备、喂料设备及输送设备可根据用户工艺条件和要求设计。

组合式三筒烘干机（内部构造见图 3-5）的运动过程是这样实现的：被烘干的物料由入料端进入烘干机内筒，内筒内部设有许多螺旋状扬料板。通过筒体的回转，物料被扬料板不断地扬起并作纵向运动。物料到达内筒的尾端因自重的作用落入中筒，通过中筒内的反向螺旋扬料板的作用，物料进一步被烘干并向进料端运动，直到中筒前段，并在重力作用下落入外筒，通过外筒导向板、扬料板，在筒体回转作用下物料继续烘干并向前运动，直到外筒底端卸出。

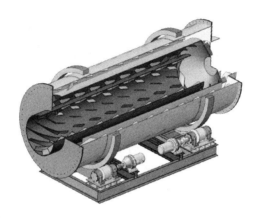

图 3-5　组合式三筒烘干机内部构造

组合式三筒烘干机主体的三个同心圆筒内，设有不同数量、不同角度的曲面螺旋状扬料板，每个筒体的端部设有导向板。三筒烘干机的主体通过一个调速电机带动小齿轮旋转，小齿轮又驱动外筒上的大齿轮旋转，从而保证轮带绕中心转动。待烘干机的湿物料经喂料设备、入料管进入内筒的入料端，湿物料通过螺旋导向板迅速推向螺旋扬料板，随着筒体的旋转，设在三个筒内的螺旋式扬料板使物料被举升的同时，不断地翻滚、抛撒并作纵向运动。与此同时从热源来的热气流，先后进入内筒、中筒、外筒与物料进行强烈的热交换。由于金属板比被烘干的物料导热快，筒体的钢板、扬料板首先受热，然后又把热量以传导和辐射的方式传给物料，物料受热后温度升高，当升高到水分蒸发的温度时，水蒸气从物料中分离出来，随烟尘经除尘器后排入大气中，从而达到物料烘干的目的。

高效沸腾炉工作原理：高压空气通过均风箱由一次风的动压头变成均匀分布的静

压头，从风帽上的微孔高速高压吹入炉内，使沸腾床形成气垫层，将粒径 0～10mm、料层厚度 300～500mm 的煤粒全部吹起并上、下翻动。由于高压气体增加了煤粒间的空隙膨胀而使料层产生激烈运动，并在不停地翻腾、跳动中与空气混合，使原有 300～500mm 的料层飞腾高度达到 800～1400mm。此时，沸腾料层的燃料与含碳量为 1%～2% 的灼热灰渣充分混合燃烧，温度一般可达 950℃，相当于一个大蓄热池。料层中 0.5～8mm 的颗粒不宜被气体带出燃烧室，能较长时间停留在沸腾料层中直到燃尽，然后由炉底冷渣管排出。由于燃料具有较大的着火比表面积以及在炉膛内停留时间较长，所以沸腾炉兼有煤粉炉和层燃炉的燃烧特点。沸腾炉膛中蓄热量大，颗粒之间以及颗粒和空气之间产生的相对运动十分激烈，加之其气体扩散速度快，可在很低的空气过量系数下（1.05～1.1 左右）强烈燃烧，而且不必预热，这就形成了强氧燃烧的条件，因此能使低热值劣质燃料完全燃烧，燃烧反应迅速。因而被普遍认为是一种热效率较高的燃烧方式。

高效沸腾炉既具有普通沸腾炉热效率较高这一特点，又从炉体结构、耐火材料、系统工艺设备配套及其自动控制等方面进行了改进，不仅适用于热值大于 6000kcal/kg（1cal＝4.2J）的优质烟煤、无烟煤，也可用于燃烧热值低于 3000kcal/kg 的燃料，如煤矸石、炉渣等。

（三）组合式三筒烘干机设备结构特点

（1）组合式三筒烘干机是利用"内循环式烘干"的工作原理设计的一种结构独特的水平布置三筒回转式烘干机。主要由前面框、后面框、密封装置、回转部分、出料装置、传动装置、支撑装置等组成。水平布置、边缘拖轮传动。烘干机筒体部分由三个同心水平放置的内外筒体组成，内筒体由直筒和锥体拼接而成，中筒体呈锥体状以利物料流动，外筒为一直筒，两端为可拆分式封板，以便修理。筒体长度约为同等烘干能力的单筒烘干机的 25%～35%，从而大幅度减少了占地面积和厂房建筑面积。

（2）组合式三筒烘干机，热散失少，传热效率高，更利于物料的烘干。物料在被一个筒内热气流直接烘干的同时，又被另一个筒内的热量间接烘干，而且低温的外筒对高温的内筒有隔热保温作用。

（3）采用物料与热气流顺流烘干工艺，适用范围广。它能适于黏土、煤、矿渣、铁粉等各种原材料的烘干，也适于冶金、化工等部门的各种散状物料的烘干，且可保持物料原有的活性。

（4）结构紧凑，工艺布置灵活，土建投资少。在保证物料烘干工艺所需时间下，整机长度缩短 70% 左右，有利于工艺布置。同时减少了厂房的建筑面积，节约工程投资 50% 左右，易于实行自动化控制，更适合老厂改造的工艺布置。

（5）特殊的扬料、撒料装置，使料、气交换效率更高。这种扬料装置能使物料沿轴向呈"波浪"形式向前"蠕动"。具有导向、均流、阻料等功能，提高了物料的抛撒均匀性并增加了物料滞留时间和物料的翻转次数，而且新型扬料装置中每一组扬料板在径向位置上有一定角度的错位。并在中心位置上设置了"万字"形多层扬料、撒料装置，通过其角度的变化和筒体的旋转，使物料在筒体截面上反复抛落，呈现"瀑布"状下落，在轴向上各排扬料板交叉布置，互为补充，避免了"风洞"和"阶梯撒料"，而且起到了一定的防破碎作用。增加了物料与热气流的接触面积，从而大幅度提高了烘干效率。

（6）采用调速电机调节筒体转速，采用温度自动监控系统，使操作更加便捷。可根据入机物料初水分、出料终水分，产量要求，采用适当的转速，确保下道工序的需求。

（7）优化的结构设计及耐磨处理，保证了设备的使用寿命。环间扬料板选用了进口耐磨钢板，进料斗应用了阶梯料衬结构，进料锥筒及进气筒采用耐热钢板制作，为长期安全、无故障运行奠定了坚实的基础。

（四）设备技术及生产特点

（1）生产能力大，可连续操作。

（2）结构简单，操作方便。

（3）故障少，维修费用低。

（4）适用范围广，可用来干燥颗粒状物料，对于那些附着性大的物料也很有利。

（5）操作弹性大，生产上允许产品的产量有较大波动范围，不致影响产品的质量。

（6）设备所需投资是国外进口产品的 1/6。

（7）物料终水分确保在 0.5% 以下，是干混砂浆及矿渣粉生产线首选产品。

（8）筒体自我保温热效率高达 70% 以上（传统单筒烘干机热效率仅为 35%），提高热效率 35%。

（9）燃料可用煤、油、气。能烘干粒径 20mm 以下的块料、粒料和粉状物料。

（10）比单筒烘干机减少占地 50% 左右，土建投资降低 50% 左右，电耗降低 60%。

（11）可根据用户要求轻松调控所要的水分指标。

（12）出气温度低，除尘设备使用时间长。

（13）出料温度低于 60℃，可连续生产包装。

二、开停车步骤

（一）开车步骤

① 启动烘干辊筒。

② 启动除尘引风机，检查提升缸、脉冲是否正常。

③ 启动沸腾炉。

④ 当沸腾炉内为橘黄色后加大鼓风机频率，使之沸腾燃烧。

⑤ 根据炉膛负压调整引风开度。

⑥ 入除尘器温度达到工艺指标后，启动湿焦大倾角及湿焦振动给料机进行下料烘干。

（二）停车步骤

① 停车前 30min 停止向炉内加煤并压火。

② 停止加料。

③ 关闭烘干机的电动机。

④ 停止运输干物料的设备。停车以后，每隔 10～15min 转动一次筒体，至冷却为止。因事故停车，除须马上压火外，亦按上法转动筒体，直至冷却。

第四节　立式烘干窑工艺

一、生产工艺介绍

设备名称：兰炭立式螺旋烘干机

型号：ZDLHϕ4.0m×27.9m

炭材烘干能力：20t/h（干基）

炭材：初水分 ≤22%，粒度 5～30mm，终水分 ≤1%

破碎率：≤1%

进气温度：160～250℃

出气温度：90～120℃

运行方式：24h 连续，330 天/年

除尘设备保证除尘后的气体排放的粉尘浓度低于国家排放标准，粉尘含量小于 50mg/m³。

在初水分 ≤22%，终水分 ≤1%时，热风炉耗煤粉（标煤）量 ≤19kg/t 干兰炭。

立式烘干窑见图 3-6。

二、烘干机结构原理

螺旋立式烘干机由外、中、内三层筒体和螺旋导流板组成，外、中筒体之间由多个隔板组成废气通道，中、内筒体组成环形物料通道，其内布设多个螺旋导流板引导被烘干物料从上到下按照螺旋轨迹运动（中、内筒体和螺旋导流板由耐热不锈钢板冲制旋压而成）。在烘干过程中，当物料从物料通道的上方落下后，螺旋导流板将会引导物料在下落的过程中旋转，物料一边下落，一边旋转，与热风换热的同时，物料之间也通过旋转过程中的充分混合进行了动态旋转换向换热，从而可大大提高对热源的利用率，加快向物料通道中投放物料的速度，提高立式烘干机的生产效率。

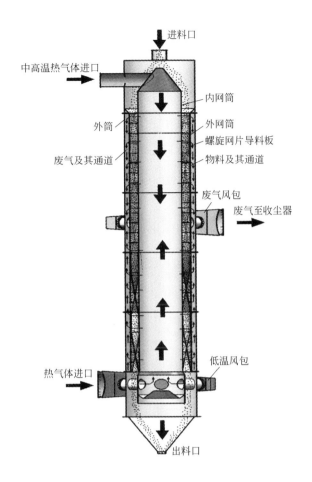

图 3-6　立式烘干窑

螺旋立式烘干机内部结构见图 3-7。

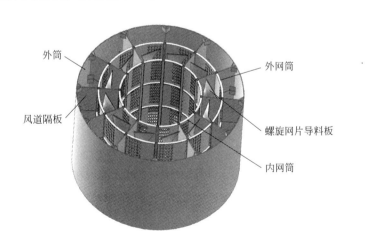

图 3-7　螺旋立式烘干机内部结构图

该设备不仅可以采用热风炉作为烘干热源,也可采用低温余热作为烘干热源,炭材由输送设备喂料,依靠自身的重力,通过布料器、分料锥将兰炭分散于烘干机周围,形成环形兰炭层,热风由引风机牵引透过环形兰炭层进行热交换,达到设定值后,输送设备开始自动出料、补料,全过程智能化检测,循环补充,连续生产。干燥系统的设计依据该工序在整个工艺链条中的功能,在确保安全、环保的基础上,实现烘干质量的绝对控制,最大限度地降低成本运行。

兰炭热交换过程示意见图 3-8。

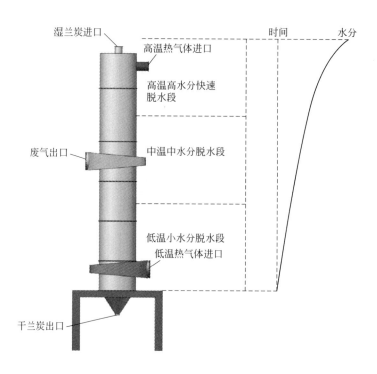

图 3-8 兰炭热交换过程示意图

三、烘干机特点

(1) 安全生产 ZDLH 自动化立式烘干机采用自动化安全烘干温度切线烘干,在烘干机内部进行 360°、多层次、全方位烘干,使炭材充分进行热交换。自动化控制系统可以根据炭材烘干的水分检测系统来控制无级变速液压卸料系统 (见图 3-9),以确保烘干质量。对可能出现的温度波动,根据工况相应调控。对炭材干燥的实际工况实施在线监测。

(2) 烘干质量控制 由于上游的原因、天气的原因、堆放时间的长短等,炭材的水分是波动的,而供热与其不相匹配。烘干质量不稳定将导致下道工序产量下降,采用在线水分检测系统以及相对应的双变频技术,可实现炭材质量的绝对控制。

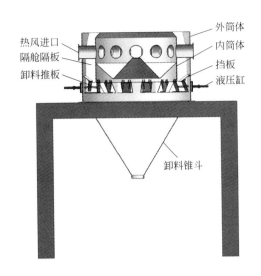

热风进口
隔舱隔板
卸料推板

外筒体
内筒体
挡板
液压缸

卸料锥斗

图 3-9　液压卸料示意图

（3）破损率低　ZDLH 自动化立式烘干机的筒壁和筒内的腹腔形成炭材烘干隔舱，炭材在烘干过程中形成环形的、充满的、封闭的、流动的、可控的、定量的炭材层，不产生炭材抛落现象。有序的、受控的炭材烘干很少产生破碎，破损率≤1%，并且采用可靠的温控技术，避免兰炭粉在高温烘干中的烧损。

（4）智能集控　智能集控是综合利用控制理论、电子装备、仪器仪表、计算机软硬件技术和其他技术，对连续生产过程实现检测、控制、优化、调度、管理和决策，达到增加产量、提高质量、降低消耗、确保安全等目的的一类综合性技术，由此形成的一键操作集控系统具有技术密集、高效、节能等显著特征。

（5）节煤　智能化立式烘干机独特的设计结构，最大限度地增大了物料的受热面积，使物料与热空气进行充分热交换，烘干机出口温度低。热利用率高，烘干 1t 兰炭消耗 19kg 标煤，节煤效果极其显著。

（6）余热利用　利用电石炉、石灰窑的余热烘干兰炭。例如：60 万吨的电石需用兰炭 39 万吨，每吨兰炭烘干需用 42kg 标煤，用余热烘干每年可以节省标煤 16380t 以上。

（7）无设备维修费用　由于采用非机械回转、低温切线烘干系统，设备的稳定性大大提高，烘干主机一般 5 年内极少维修。减少了扬料板、电机、减速机、小齿轮、大齿轮、托轮、滚圈等的保养维修费用及停产费，正常使用每年可节约维修费用 16 万元。

（8）防着火　立式烘干机可对料层内大量兰炭长时间以安全温度烘干，即便突发工况下温度迅速提高，自动化控制系统也会检测兰炭各区间的工况，采用智能液压卸料系统控制卸料，杜绝着火。

（9）占地面积小　采用立式烘干，设备单台占地面积小，无需另外建设厂房，节省土建投资。

（10）便于施工、巡检、维修　由于采用现场施工升降机，因此便于施工、巡检、维修，极大地降低了现场作业的难度，使现场作业具有高效性、灵活性、机动性。

四、炭材烘干装置

1. 烘干机投料前的试车

（1）检查皮带机、引风机、鼓风机、供气系统、烘干机内部、输送皮带机等是否正常，是否有安装时遗留的工具，是否卡料，是否有人检修或停留，线路是否正确，各电机仪表是否正常等。

（2）检查各传动部位是否注油、有无松动等异常现象，如有不正常情况须及时处理。

（3）设备检查完毕后进行各工作单元单机空载试运行，运行时间不得少于 2h。

（4）单机试运行后，进行联机空载运行，运行时间不得少于 1h。

（5）联机空载试运行正常后，方可加料试车。

2. 操作、维护

（1）在加料前，烘干机先进行预热处理，待烘干机炉壁温度预热到 50℃时开始加料（所加物料水分、粒度必须达到要求），进行正常烘干作业。

（2）主机应定期维护。

（3）采用循环物料的出料方式，烘干机内物料须在低料位以上，否则应及时补充物料。严禁低料位无料时供热系统供热。

（4）除尘器须连续卸灰，禁止除尘器灰仓内积灰。

（5）燃气炉炉膛温度控制均匀。供热系统出口温度恒定。

（6）烘干窑异常停机后，先进行供热系统压火，降低供热炉温度至 300℃以下，关闭烘干机热风包进口阀门，烘干窑进行快速卸料，在此过程中除尘器引风机以 10Hz 运行。

（7）烘干窑正常出料速度 20t/h。

（8）操作工艺指标

入料兰炭水分：＜22％

出料兰炭水分：≤1％

燃烧室温度：650～950℃

烘干窑进口温度：160～250℃（根据现场兰炭质量确定）

烘干窑料层温度：120～150℃（根据现场兰炭质量确定）

烘干窑出口温度：90～120℃

高温管道温度：150～200℃（根据调试结果确定）

除尘器高压气体压力：≥0.4MPa

（9）自动卸料系统控制及操作

① 有十二个液压卸料装置，单台液压卸料根据与液压卸料装置上部相对应的上下四层48个热电偶的温度设定卸料间隔时间。可根据物料原始状况、水分、产量要求进行灵活设定。

② 卸料速度的快慢，可根据生产情况，通过物料温度及油缸速率适时调整。

③ 自动卸料系统还设有手动控制方式，在实际生产中视物料温度对油缸速率进行调整。

④ 自动卸料系统有十二个油缸活塞杆，伸出时为卸料动作。

第四章

电石生产主要设备

第一节　电石炉炉盖、炉体

一、炉盖

炉盖是开放炉与密闭式电石炉的重要区别之一，炉瓣间采用绝缘处理以防形成涡流。炉盖采用钢板焊接而成，夹套内通冷却循环水组成圆形焊接部件。

1. 炉盖主要功能

炉盖的主要作用是密封炉膛、减少热损失和改善冶炼区间的工作条件。对冶炼起密封作用，可一定程度上缓解炉压波动，稳定冶炼过程。炉盖与炉体之间采用砂封进行密封，对冶炼过程中产生的一氧化碳气体进行收集。炉盖上沿电极入口处装有水冷密封套，该水冷密封套对电极起密封及导向作用。

2. 炉盖结构及组成

（1）炉盖采用分体式双层水冷结构，共有六组边缘水冷段及一组中心水冷段，各连接处用螺栓连接（见表4-1）。炉盖下沿与炉体之间采用砂子密封（见图4-1）。炉盖上沿电极入口处装有水冷密封套，该水冷密封套对电极起密封及导向作用。炉盖三角区中心盖板及密封套下部朝炉膛侧打结有耐火材料。

▫ 表4-1　炉盖组成部件

名称	备注
边缘水冷段6块	由多边形组成，近似圆盖状，改善冶炼环境
中心水冷段1块	连接边缘炉盖，形成密封电极圆孔
水冷密封套3组	在电极相对炉盖运动过程中起密封、导向作用

（2）炉盖上有六个检查门，三个钎测孔，十二个防爆孔，一个荒气烟道口，一个净气烟道口，三个电极密封孔，十二个下料嘴孔，一个检修门。为了减少及避免电

磁感应引起的电能损耗，凡是靠近电极附近的构件均为非磁性钢材，以减少涡流损耗。

（3）炉盖上的六块扇形段、中心段与水冷密封套均为水冷结构件，因此，炉盖在安装前，应做通水（气）试压，通水（气）试压前使用压缩空气将每段循环水路中的杂物进行吹扫，试压压力为 0.46MPa，保压 1h 观察压力有无下降，压力降低不得大于 0.001MPa，不得有渗漏、泄压现象。进行水流量检验时，要求通水回路畅通，内部水路无串水和堵塞现象。

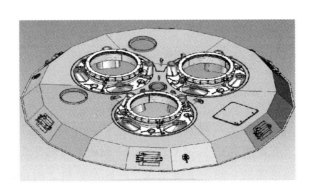

图 4-1　炉盖结构示意图

（4）炉盖下部有耐火防护层，现场打结时按照施工方案执行。打结层强度达到80％时即可进行炉盖吊装组拼。

（5）更换炉盖及水冷密封套时，应首先将六块扇形段炉盖拼装好，连接紧固，然后安装炉盖中心段，使用水冷吊挂装置进行固定，安装时注意对准电石炉中心及电极中心。最后安装水冷密封套和配套水冷循环管路（注：此部分要待电极柱安装结束后进行）。用电焊机检验炉壳与炉盖、炉盖与炉盖、各炉盖与电极水冷密封装置之间等处的绝缘。烟道接口位置要调整好，做好密封。电极密封导向装置的松紧程度要调整合适，以使电极把持器能自由上下升降、密封良好为原则。

（6）炉盖整体通水（气）试压在车间冷却循环水管路系统完成通水冲洗后进行，主要是检查进出口连接的正确性及密封性。

3. 炉盖日常保养及检查内容

（1）检查各路冷却水是否通畅，水温是否正常。异常情况断水时，应立即停炉。恢复供水后炉盖温度较高时，应逐步缓慢打开冷却水阀门直至正常状态。

（2）炉盖有漏水时，应及时停炉检修，消除漏水点。

（3）检查炉气泄漏情况，泄漏部位做好记录，待计划检修时消除。

（4）检查中心盖板是否有变形，检查料柱烧损情况，检查密封套密封及泄漏情况。

（5）检查绝缘情况是否良好，炉盖与电极的绝缘电阻值不小于 0.5MΩ，与料管的绝缘电阻值不小于 0.2MΩ。

（6）定期清扫炉盖积灰杂质，尤其是金属杂物。

（7）检查炉盖凹陷情况，变形严重时应找出过热部位，加以修正。炉盖凹陷深度应不大于 20mm，凹陷面积应不大于总面积的 20%。炉盖的水平度允差为炉盖直径的 3‰。

（8）检查各连接板脱落情况并添加焊补。

（9）更换水冷密封套、中心炉盖和水冷保护套。

（10）重做所有绝缘和密封。

（11）中心炉盖出现材质裂变，焊接困难时应予以更换。

二、炉体

电石炉炉体是电石生产的主要设备。在电石炉内，电弧产生的高温使炉料融化、反应生成电石，由于反应温度高达 2000℃ 左右，一般耐火材料是难以承受的，所以炉体的容积必须大于反应所需的空间，也就是说反应区与炉衬之间留存一层炉料，用于保护炉衬。

1. 炉体简介

（1）炉体形状很多，主要有圆形、椭圆形、方形、长方形。从热力学的角度来看，圆形比较适宜。实际上，炉体的形状取决于电极位置和一氧化碳抽取设备的安装位置。

（2）炉体内反应空间的大小取决于其电极直径的大小、距离以及电弧作用的范围，圆形电极的距离与其直径成正比，而电极的直径是随着炉子的容量而变化的。电极直径由其所允许的电流密度来决定，电极的电流又由变压器的容量来决定。最终结论是炉体的大小取决于其变压器的容量。

（3）炉体的大小和电极距离的选择非常重要，当尺寸选择适当的时候，电流大部分从电极端头流经反应层、熔融层而到达炉底，电石炉的操作十分顺利。如果大量电流经炉料相互扩散层流到另一个电极，电极则不能深入炉内，炉内温度降低，炉内三相电极不通，电石流出困难，电石炉操作恶化，对生产十分不利。

（4）对炉壳的要求

① 炉体强度应该满足炉衬受热而产生的剧烈膨胀，适应炉衬热胀冷缩的要求。

② 在满足强度的情况下，应力争节省材料，减轻炉体重量。

③ 制造方便，必要时应考虑包装运输的可能性。

2. 炉体构造

（1）炉体为圆柱形焊接结构，包括炉壳、炉舌、炉底支撑等，是反应生成电石的场所。炉壳底部安装有热电偶，用于控制炉衬温度。炉壳下部设有保护罩，用于对炉体进行隔热保护。炉体上设有 3 个出炉口，每个出炉口炉门均为水冷结构，出炉口炉舌为水冷耐热铸钢结构（如图 4-2 所示）。

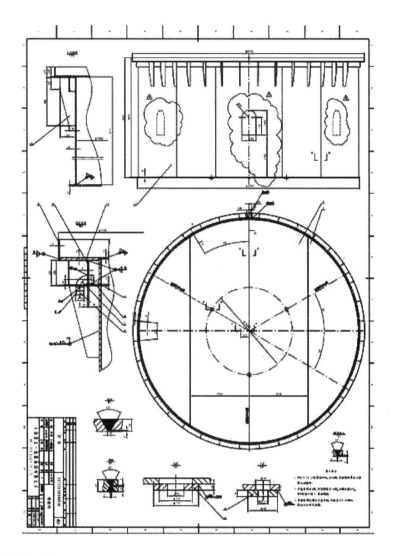

图 4-2　炉体结构示意图

30MV·A 密闭式电石炉相关参数：

炉身直径	9200mm	炉身高度	4962mm
炉膛深度	2900mm	炉盖直径	9200mm
炉盖高度	1080mm	出炉口数	3 个

40.5MV·A 密闭式电石炉相关参数：

炉身直径	10000mm	炉身高度	5292mm
炉膛深度	3200mm	炉盖直径	10000mm
炉盖高度	1080mm	出炉口数	3 个

（2）炉壳由20mm钢板焊接而成，炉壳外沿竖立焊接加强筋24个，横向焊接加强筋4个，增强炉壳的强度，使其保持圆度，不至于有大的变形。炉底也有自中心向四周的辐射型加强筋，同时形成了炉底送风通道。在以炉底中心为圆心，以$\phi3600mm$为直径的圆周上有距离相等的六个温度计保护管。在距中心1000mm的两个对称点上有一个铜棒和一个铜管，铜管是测量电极到陆地电压用的电线保护管，铜棒使炉壳与大地接通，用于测定电极对地电压。对应电极距离相等的侧壁上分布有三个出炉口，在每两个出炉口之间有一个烧穿接点，与炉底炭砖接触的烧穿接点铜管穿过炉壁各处，均有消磁和绝缘材料，防止漏电和电能损失，烧穿接点与炭砖接触部分为水冷铜板。炉壳结构示意图见图4-3。

图4-3　炉壳结构示意图

（3）电石炉炉底采用磷酸盐耐火泥铺垫24mm找平，铺设石棉板、硅酸盐保温板一层；砌筑六层轻质黏土砖、六层高铝砖，共高670mm；三层自焙炭砖，共高1090mm。炉底耐火砖上下两层错开90°砌筑，即1、3、5层横向砌筑，2、4、6层纵向砌筑。上部自焙炭砖分三层砌筑，第一、二层为345mm×345mm×345mm，第三层为400mm×400mm×400mm，采用细缝糊砌筑，砌筑砖缝小于1mm，炭砖铺设同样呈90°上下纵横交错，炭砖上用电极糊抹成斜坡，坡向三个出炉嘴，炭砖与炉壳之间间隙采用高铝捣固料捣固。电石炉砌筑示意图见图4-4。

（4）炉壁采用硅酸盐泥浆和75%高铝砖砌筑。高铝砖的理化指标：$Al_2O_3\geqslant75\%$，$Fe_2O_3\leqslant2\%$，软化点$\geqslant1550℃$，重烧线变化（1500℃×2h）$\leqslant\pm0.2\%$，显气孔率$\leqslant21\%$，常温耐压强度$\geqslant60MPa$。炉门是电石流出的地方，温度要求比其他部位高，因

此炉门采用刚玉质泥浆和复合棕刚玉砖砌筑，以保证炉门的使用寿命。复合棕刚玉砖的理化指标：$Al_2O_3 \geqslant 92\%$、$SiO_2 \leqslant 0.5\%$、$Fe_2O_3 \leqslant 0.7\%$、$R_2O \leqslant 0.5\%$，炉门下铺设半石墨质碳化硅砖一块。

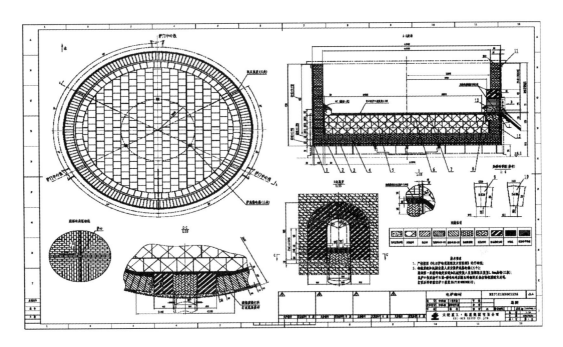

图 4-4　电石炉砌筑示意图

（5）确定电石炉中心及电极中心，此项工作十分重要，直接影响电石炉三相电极位置。电极中心与电石炉中心同心，其允许偏差不超过 ±5mm。以此为中心安装炉壳、炉盖及电极柱等。电极柱间距 3100mm，允许偏差不超过 ±4mm；三相电极孔中心距相等，其允许偏差不超过 ±4mm。

（6）炉底工字梁在安装前务必矫直，其凹凸不平度及挠度在每米长度内不超过2mm，在其全长内挠度 $f \leqslant 2/1000 \times$ 长度。工字梁歪扭不得大于 $1 \sim 1.5mm$，炉底排架所有工字梁的上顶面应在同一水平面上，其允许偏差 3mm；炉底工字钢纵向水平度允差 1mm/m，全长小于 5mm，横向水平度允差为 5mm。铺设炉底工字钢排架梁时，可根据基础工形梁的朝向，按车间主导风向将工字钢与基础沟的交叉角在 $45° \sim 90°$ 范围内调整。炉底排架梁结构示意见图 4-5。

（7）炉底板分 6 片发运至现场，现场完成分片倒运吊装、组拼、焊接、检查、完善。炉底板拼接缝的焊接在现场进行，焊后要求平整，其平面度公差不得大于16mm。炉底板必须平直，与工字梁接触良好，不得有翘曲现象。炉底板圆心应有标志，其圆心与安装基准点的相对位置误差不得大于 5mm；炉底平面度公差为 2mm/m^2，全面积公差为 5mm，炉底板水平度允差为 3mm/m，纵横全长小于 10mm。

图 4-5 炉底排架梁结构示意图

（8）炉壳体分12段（片）发运至现场，现场完成分段（片）倒运吊装、组拼、焊接、检查、完善。炉壳体中心与电石炉中心同心，其不同心度公差在炉壳高度范围内允许偏差≤10mm；炉壳体组装后，其圆柱度允差≤15mm。侧壁炉片之间的拼接焊缝的错边量不得大于4mm；炉壳圆度公差为直径的2‰，垂直度公差为2mm/m，总高度公差小于8mm。炉壳变形或烧蚀面积大于30‰时应更换。

（9）炉体上部环形水冷装置安装完成，进行通水试压检查，水压试验在0.46MPa、保压10min条件下进行，不得有渗漏、泄压现象。出炉口现场完成查验、倒运吊装，与炉壳体组拼、焊接。出炉口倾斜度符合图纸要求，出炉口中心线在炉壁处测量与理论点误差＜10mm；所有固定螺栓安装后必须拆掉。

3. 炉体日常维护

（1）检查炉壳是否有局部发红、变形、烧穿等现象。

（2）维护好炉眼，使其处于随时可以出料状态。

（3）检查炉体通水部位冷却水是否通畅，是否泄漏。

（4）检查出炉烧穿装置的碳棒是否良好，通电部位与炉壳、对地绝缘是否可靠，导电母线是否牢固。

（5）修补或更换炉门框，更换炉舌时，应将炉眼进行冷却处理（夏季4h，冬季2h）。

（6）修补炉衬时，可用刚玉骨料和磷酸盐泥浆拌和，填入塌落处，或采用粗缝糊进行捣固。

（7）紧固炉壳连接螺栓。

（8）更换炉舌下方铸钢轨道时，应将炉眼进行冷却处理（夏季 4h，冬季 2h）。

（9）拆除第一层炭砖及以上耐火砖，重新筑炉衬；更换部分炉衬。

（10）修补烧损炉壳烧蚀部位，应局部更换修补。焊缝采用对接形式，不准用复贴法修补。

（11）炉壳螺栓连接处，内壁应用扁钢衬焊，以保证炉壳的气密性。

（12）炉体上方的沙封槽，应充满干燥河沙，炉盖沙封刀插入深度不小于 200mm。

（13）非更换性大修、拆除炉内衬时，严禁将水直接浸到耐火砖上。

（14）炉内衬质量关系到炉龄长短，应严格按照《电石炉砌筑技术条件》（HG 20542—2006）执行。电石炉炉体砌筑严格按《工业炉砌筑工程施工及验收规范》（GB 50211—2014）、《工业炉砌筑工程施工及检验评定标准》（GB 50309—2017）施工技术规范、技术标准执行。

（15）检修周期表　检修周期见表 4-2。

⊡ 表 4-2　炉体检修周期表

检修类别 规格	小修/月	中修/月	大修/月
30000kV·A	1～3	24～48	60～96
40500kV·A	1～3	24～48	60～96

① 小修　定期检查三相电极接触元件蝶形弹簧，调整蝶形弹簧的形变量及压紧力。

② 中修　检查更换三相电极接触元件蝶形弹簧，更换部分接触元件、底部环吊杆，重做绝缘。

③ 大修　更换烧损接触元件、底部环、水冷密封套、中心炉盖，更换烧损料嘴，拆除炭砖及耐火砖，重新砌筑炉衬。

三、炉门

炉门自动启闭装置（见图 4-6）动能用气缸传递，并采用连杆设计，气缸使用双行程设计，两步开启炉门，控制炉门的开启角度。对炉门周边安装气缸启闭装置来进行改造，炉门门锁处单独加装气缸，控制炉门的打开关闭状态，实现炉门自动启闭。炉门自动启闭通过控制程序远程至电脑画面。

图 4-6　炉门自动启闭装置

第二节　电极系统设备知识

一、设备简介

电极系统是电石炉的重要设备之一。它既能把强大的电流导入电极端头，在炉内进行电弧燃烧而将电能转换成热能，又能延续和调节电极的消耗速度，使电极能够连续不断地进行工作。

二、设备概述

（1）组合式电极柱（见图 4-7）由上、下两部分组成，电极柱上部主要包括电极导向装置、电极加热装置、电极升降装置、电极压放装置、上部把持筒、压放平台及液压管路等。电极柱下部主要包括下部把持筒、水冷保护套、导电铜管、底环、接触元件、水冷管路等部件。

（2）每根电极有八组压放装置，每组压放装置均由一个压放缸和一个夹紧缸组成。八组压放装置围绕一根电极安装在电极柱上部的压放平台上。通常八组压放装置的夹紧缸靠弹簧力牢固地夹住电极壳上的八根筋片。压放平台的两端与两个升降油缸活塞杆端部铰接，当电极需要提升或下降时，升降油缸的提升力就通过压放平台上的压放装置传到电极上，使得电极系统可在垂直方向上下运行。

三、电极压放系统工作原理

（1）当需要压放电极时，升降油缸停留在某一位置不动，电极在压放装置的作用下向炉内进给（压放），每次进给（压放）量20mm。其压放电极的程序如下。

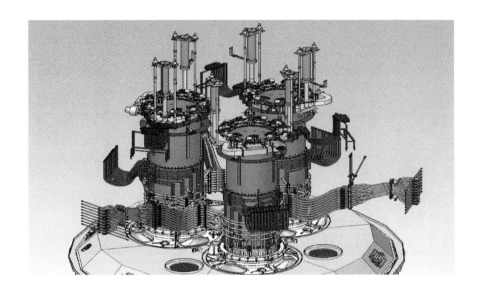

图 4-7　组合式电极柱（电极柱下部和电极柱上部）

① 第一组压放装置的夹紧缸打开，压放缸上升20mm。

② 第二组压放装置中的夹紧缸打开（在此同时第一组夹紧缸夹住电极壳筋片），压放缸上升20mm。

③ 第三组及以下各组重复以上动作过程，直到六组压放装置全部动作完毕，在新的位置上作好压放准备。

④ 八组压放装置同时向下动作，将电极压放20mm。全部压放程序完成。

（2）电石炉工作时所需的大电流是通过二次母线和电极上的导电铜管以及电极柱下部的接触元件传给电极的。接触元件是通过四组蝶形弹簧连接而成的。在弹簧力的作用下对电极筋片施加一定的夹紧力，以导通大电流。接触元件为水冷结构，冷却水通过导电铜管进入接触元件一端，再从另一端经导电铜管流出。

（3）为了保护接触元件及其内部的弹簧以及导电铜管与接触元件之间的银焊点免受高热的损坏，在接触元件的外部有一组由八块不锈钢弧形板组成的圆筒形水冷保护套，在接触元件的底部有四块铜制弧形段组成的圆形底环。底环上铺设气封垫板和耐火纤维毡，可避免炉内高温炉气从底环和电极壳之间的间隙处串入电极内部，损坏接触元件等零部件。

四、升降油缸、把持器系统知识

（1）升降油缸检查要求

升降油缸升降各一次，检查同电极的两缸是否同步，并调整节流阀，使其达到同步。连续升降各 10 次，累计水平度公差为 0.5mm/m，且油缸不泄压、漏油。

（2）电极压放装置试车要求

① 液压夹钳手动打开—上升—压放各三次，保证动作准确无误。

② 按工艺操作规程连续压放电极，动作自如，无阻滞现象，电极压放量 19～21mm。

③ 在液压夹钳夹持力适宜的情况下试验压放电极的动作，其相对滑动值小于 20mm。

④ 在工作压力下油缸不泄压、漏油。

（3）电极把持器检查要求

① 送电 24h，软母线、短网铜管等输电接点无发红、放电现象。

② 接触元件等各处冷却水温度在工艺指标范围内，与电极壳筋板接触良好。

③ 送电 24h 后停电，将所有输电部分螺栓紧固一遍。

④ 装置达到满负荷时，设备应无异常情况，冷却水接点不泄漏。

电极导向装置示意图见图 4-8。

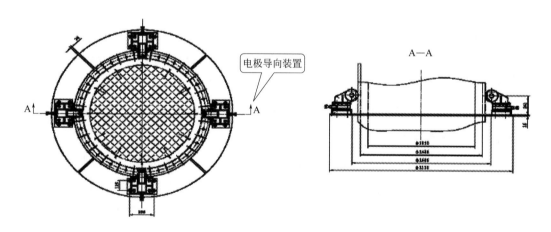

图 4-8 电极导向装置示意图

五、液压系统设备知识

1. 设备简介

（1）液压站是专为电石炉生产配套设置的液压系统，能满足电石炉电极升降、压放动作的要求。

（2）液压系统在整个电石炉系统中是一个较为精密的部件，若对它进行精确调试、合理使用、正确操作和认真维护保养，就可以获得满意的工作效率和提高其使用寿命，否则将会产生相反的结果。

2. 结构特点及各构件的设定值

（1）液压站主要由 1 个泵站、3 个压放盘装置、管路及附件等组成，泵站安装于电石炉三楼，压放装置安装于电石炉三楼半。

（2）液压油泵和带有调节阀的集成块安装在泵站上。泵站包括 6 台泵和 1 个油箱。6 台泵装置中其中 3 台升降泵分别用于控制 3 个电极升降系统；1 台压放泵用于控制 3 台压放装置系统；1 台备用泵在电极升降及压放装置出现异常情况下使用；另 1 台循环泵装置用于液压系统循环过滤冷却油品。

（3）每个电极升降有 2 个升降油缸（大力缸），当电磁阀 YH1、YH3、YH5（YH8 备用）得电时，液压油直接进入油缸的有杆腔，使电极上升，上升速度由泵的排量控制；当电磁阀 YH1、YH3、YH5（YH8 备用）失电而电磁阀 YH2、YH4、YH6（YH9 备用）得电时电极靠其自重提供驱动力而下降，此时泵卸荷的油和油缸有杆腔通过电磁球阀打开压锁的回油一部分补充进入油缸的无杆腔使无杆腔时刻充满油，另一部分回到油箱中。下降速度由调速阀调节控制。

（4）电极升降集成块上安装有压力继电器，此继电器设在调速阀的上端，用来控制升降压力管路中的压力，测定可能出现的诸如管路或软管破裂造成的故障，当出现异常低压的情况下，压力继电器将停泵并报警。

（5）1 台压放泵装置控制 3 个压放盘装置。每个压放装置中分别有 8 个压放缸和 8 个夹紧缸，由相应的电磁换向阀控制其升降和打开，其速度由调速阀控制。

（6）1 台备用泵装置能够取代任意一个电极升降和压放装置，通过打开或关闭相应的截止阀并且更换电磁阀的得电信号来完成要求动作。

（7）循环过滤冷却装置使系统中的油液通过冷却器和滤油器连续不断地循环，来调节工作油温度和清洁度。当油温超过 45℃时电磁阀得电，冷却器投入工作，当油温降低到 30℃时电磁阀失电，冷却器停止工作。当油温达到 55℃时发出报警信号。

（8）在循环冷却过滤装置用泵的吸油端有一个注油口，通过此注油口可用过滤泵向油箱加油。

（9）每个调压阀组都带有一个电磁溢流阀和一个压力表用于控制系统压力。压力表由压力表开关阀控制，只有按动开关时，才能读到系统的压力。

（10）采用半密封式油箱，以防灰尘等杂质进入，上部设有空气滤清器，且可从此处向油箱注油。注油时必须注入相同牌号、经过过滤的液压油。

（11）油箱侧面装有液位指示计，便于观察油箱中油的容量。上部装有液位继电器，可以在最低液位时发出信号，通知操作人员采取措施。

（12）各构件的设定值如下。

冷却器投入工作温度　45℃

冷却器停止工作温度　30℃

高温报警　55℃

压力继电器　2.5MPa

3. 运行前各部件的检查要求

（1）检查各个部件的紧固螺栓、螺钉、法兰、管接头等连接处是否牢固。检查油箱上各附件连接处是否密封、牢固可靠。

（2）检查油箱的油位是否达到基准油位，刚试车时，还要注意各执行元件及全部管路内储有油液。

（3）检查油泵的转向是否与规定方向一致，如果油泵转向相反，则吸不出油，长时间运转会使泵损坏。

（4）检查各开闭性元件，如截止阀和卸荷阀等是否置于开启状态，各元件安装方向是否正确，防止断流过载现象发生。

（5）检查周期表表示了液压站正常运行情况下的检查部位和检查周期。在系统刚投入运行的时候，应适当增加必要的检查部位的检查频度。液压系统在调试完成，投入运行1～2个月后要更换工作介质和滤油器的滤芯。

4. 液压油泵的启泵方法

（1）在确定油泵旋转方向正确后，使油泵处于无负荷状态，反复进行间歇运转，要注意观察压力表的变化，注意油泵和系统的声音，确定泵及卸荷回路正常后开始试运转。

（2）如果天气寒冷，油温低于10℃时，因油的黏温性，各运转部位不灵活，润滑条件差，不能马上投入运行，应当启动先转10s，停10s，然后运转20s，停20s，反复进行，直至泵内各部件充分润滑再连续运转。

（3）当油泵正常运转后，就可以调节系统工作压力。首先将电磁溢流阀设定在0.5～1.5MPa的压力下，使其连续运转10～30min，然后断续增加负荷，充分注意泵的运转声音、压力、温度以及各部件和管道的振动、漏油情况，如果没有异常，方可进行满负荷运转。

5. 工作介质的管理

一般液压系统的故障或动作不良都是对工作介质的管理不善所造成的，所以在使用过程中只注意油泵、阀、部件及附件，而很少注意工作介质是不对的。在液压系统中，工作介质既传递动力，又润滑泵、阀等部件，因此必须充分注意对工作介质的管理。

（1）泄漏　定期进行检查，勿使其泄漏。发现泄漏，如不及时处理，油箱内的液位就会明显降低，妨碍油泵运转。特别是从现场环境来说，要防止污染、防止火灾发生，延长设备使用寿命，提高经济效益，也必须无泄漏。

（2）液位　观察液位计，使液位始终保持在基准液位附近，如果液位明显降低，油泵吸油易产生气蚀，使系统中含有气泡，以致振动、噪声产生。甚至造成工作异常、不能工作和工作介质温度升高等一系列不安全性因素和故障。

（3）温度　注意工作介质的温度是否在正常范围内，温度过低，工作介质的黏度升高，不利于油泵运转，甚至损坏油泵。温度过高，会使工作介质的黏度降低，系统内外泄漏量增加，甚至加速工作介质氧化变质，使其失去性能，以致系统不能正常工作。

（4）定期检查　要维护系统的性能，延长其使用寿命，必须对整个系统的各个部位定期进行检查。要坚持每日、每周和每月观察液位、温度、压力、泄漏情况及滤油器的污染情况。经常检查各连接部位处的螺栓是否有松动、油箱内工作介质的污染度以及是否出现泄漏等情况，发现介质污染严重时应更换经过滤处理的新的介质。

（5）工作介质的更换　更换新的工作介质时，首先将油箱内的旧介质全部排净，把油箱清洗干净，注入新的经过滤处理的 HM-46 号油，使其达到基准液位。

（6）油泵　在正常工作中，油泵发出清晰的声音，如果发现有异常声音，立即停止运转，进行检查，排除故障使其正常运转。

（7）其他　必须更换部件或分解部件时，应参照部件使用说明书和结构图进行，液压元件属精密元件，一定要注意防止污染，未搞清原理的情况下，不可大拆大卸，从而引起大量外泄和系统恶性事故发生。

6. 运行注意事项

（1）油箱内的液位达到最低液位时，停止运转，进行油品加注。

（2）要经常注意油箱内工作介质的状态，如有变质或严重污染应立即更换经过滤处理的新的工作介质。

（3）要经常检查滤油器，要保持每月至少检查一次，发现问题及时清洗或更换滤芯。

（4）不得改变油泵的运转方向。

（5）变更各种调节阀的设定值时，不仅对调节阀本身，而且对其他各种元件、部件，包括液压泵、电机、油缸及执行机构等都会带来影响。设定值改变应慎重进行，不许超过系统工作压力。

（6）要掌握正常运转时的情况（油位、声音、设定值、工作状态）。出现异常时，应参照使用说明书，根据现场经验，立即检查，找出故障原因所在，努力维护系统的性能，使其正常运转并延长其使用寿命。

（7）在液压系统刚投入运行时，更要多注意检查系统的工作状态，最好在系统投入运行1～2个月后就更换工作介质。

7. 故障与处理

（1）压力异常现象、原因及处理方法见表4-3。

⊡ **表 4-3　压力异常现象、原因及处理方法**

现象	原因	处理方法
压力过高 或过低	油泵不出油	立即检查并更换油泵
	压力设定不当	重新按规定设定压力
	调压阀阀芯工作不正常	分解阀门，并清洗
	调压阀的先导阀工作不正常	分解阀门，并清洗
	压力表已损坏	更换
	液压系统内漏	按系统依项检查
压力不稳定	管路中进气	给系统排气
	油中有灰尘	拆洗，如油的污染严重则更换
	调压阀阀芯工作不正常	分解阀门，清洗或更换调压阀

（2）发热原因及处理方法见表4-4。

⊡ **表 4-4　发热原因及处理方法**

原因	处理方法
油箱油量不足	观察液位计，油位不能满足正常使用时应及时加油
油黏度过高	检查介质，换符合设计规定的介质
阀门设定压力同规定值不一样	重新按规定值设定阀的压力
环境温度过高及工作时间过长	降低环境温度或停止工作，待油温降低再工作
阀门或传动装置内漏过多	更换正常元件或密封圈

（3）泄漏原因及处理方法见表4-5。

⊡ **表 4-5　泄漏原因及处理方法**

原因	处理方法
接头松动	拧紧
密封圈损伤或劣化	更换
密封圈额定压力等级不当	检查，若不合适则更换相应的密封圈

（4）油泵排量异常原因及处理方法见表 4-6。

▣ **表 4-6　油泵排量异常原因及处理方法**

原因	处理方法
泵转向相反	查验铭牌，确认后改变
油箱液位低	检查液位，不足则补充
泵转速过低	检查电机是否按规定转速运转，使其高于规定的最低转速
黏度过高（油温低）	检查油温
轴或转子损坏	更换或修理
进油管路积有空气	自排油侧接头部放气，旋转油泵以吸油排气
进油管漏气	垫圈类损伤或管路松动，更换垫圈和拧紧螺栓
叶片在槽内卡住	拆开油泵，取出内部零件，除掉灰尘，清除毛刺，检查配油盘

（5）泵噪声过大的原因及处理方法见表 4-7。

▣ **表 4-7　泵噪声过大的原因及处理方法**

原因	处理方法
油黏度过高（油温低）	检查油温，若低则加热
油泵与吸油管接合处漏气	检查漏气部位，加固或更换垫圈
泵传动轴处密封不严，进气	在传动轴部加油，如有噪声则换垫圈
吸油滤油器堵塞	取出滤油器清洗，并清洗进油管
油泵与电机轴不同心	允许同轴度公差为 0.10mm
油中有气泡	检查回油管是否在油中以及是否同进油管充分分离

（6）工作不正常现象、原因及处理方法见表 4-8。

▣ **表 4-8　工作不正常现象、原因及处理方法**

现象	原因	处理方法
阀不动作	电磁阀线圈工作不正常（电磁力不足或线圈内有杂质）	检查电器信号、控制压力，检查线圈是否过热，更换电磁阀
	控制阀工作不正常	检查阀体与阀芯配合是否合适，内漏产生背压，阀内存有杂质、锈等，修正或更换
速度达不到规定值	流量不足	检查流量调节阀和油泵的排量是否正常，调至正常值或更换
	压力不足	检查压力调节阀和泵的压力是否正常，调至正常值或更换
速度不稳定	温度变化引起黏度变化	调整油温

第三节 炉气净化装置

一、炉气净化装置工艺

炉气净化装置主要是将密闭电石炉冶炼后产生的高温尾气，通过净气烟道排入炉气净化装置内部进行沉降、冷却、精过滤，最终将净化合格后的尾气经煤气管道送入气烧石灰窑充当燃料，进行循环利用。

电石炉产生的 400～1000℃、粉尘含量较高的炉气经过净气烟道，在粗气风机的作用下进入沉降器，将炉气中 40%～50%的大颗粒粉尘沉降后经过卸灰阀进入链板式输送机，最终输送至储灰仓。从沉降器出来的高温炉气经过空冷器进行降温（180～250℃）后再经过粗气风机，送入三个布袋仓进行精过滤，然后经过净气风机，将粉尘含量较少的一氧化碳气体通过炉气管道送至增压风机再送入气烧石灰窑作为燃料。

二、炉气净化主要设备

主要设备为空冷离心风机、粗气离心风机、净气离心风机、反吹装置、耐高温卸料器、刮板式输送机、氮气储罐、电动蝶阀等。

（一）冷却水系统

冷却水流量为 60～80m³/h，分别供给水冷烟道及需要降温的附属设备，最大压力为 0.35MPa，实验压力为 0.46MPa。

（1）水冷烟道、荒气烟道直径 500mm（水冷套式）、高 26670mm。

（2）粗气风机、净气风机连轴承箱的冷却水。

（3）净化设备用水量为 6～10m³/h。

（二）离心风机

1. 离心风机概述

（1）离心风机是依靠输入的机械能，提高气体压力并排送气体的机械，它是一种从动的流体机械。

（2）气流轴向驶入风机叶轮后，在离心力作用下被压缩，主要沿径向流动。

9-19 型高压离心通风机见图 4-9。

（3）通风机分类（在标准状态下）

低压离心通风机：全压 $P \leqslant 1000Pa$

中压离心通风机：全压 $P = 1000 \sim 8000Pa$

高压离心通风机：全压 $P = 8000 \sim 30000Pa$

图 4-9 9-19 型高压离心通风机

2. 风机主要技术参数的概念

（1）压力 离心通风机的压力指升压（相对于大气的压力），即气体在风机内压力的升高值或者该风机进出口处气体压力之差。它有静压、动压、全压之分。

（2）流量 单位时间内流过风机的气体的量，又称风量。常用 Q 表示，单位为 m^3/s、m^3/min、m^3/h。

（3）转速 转速指风机转子旋转速度，常以 n 来表示，单位为 r/min。

（4）功率 驱动风机所需要的功率，常以 N 表示，单位为 kW。

3. 离心风机的组成及结构

（1）风机的组成 风机采用单吸入传动结构，由联轴器将风机和电机连接起来。风机主要由机壳、进风口、转子组（叶轮及主轴）、轴承箱、联轴器等部分组成。

（2）风机的结构 风机可制成顺转或逆转两种型式：从电机一端正视，如叶轮按顺时针方向旋转称顺旋风机，以"顺"表示；按逆时针方向旋转称逆旋风机，以"逆"表示。风机的出口位置以机壳的出口角度表示："顺""逆"均可制成 0°、45°、90°、135°、180°、225°共六种角度。根据具体的情况，轴承箱有以下两种：水冷却轴承箱和油冷却轴承箱。

4. 风机的维修与保养

正确的维护、保养是风机安全可靠运行，提高风机使用寿命的重要保证。因此，在使用风机时，必须严格执行以下几点。

（1）叶轮的保养 在叶轮运转初期及所有定期检查的时候，必须检查叶轮是否出现裂纹、磨损、积尘等缺陷。必须使叶轮保持清洁状态，并定期用钢丝刷刷去上面的积尘和焦油等。因为这些灰尘不可能均匀地附着在叶轮上，而造成叶轮平衡破坏，以致转子振动。

（2）机壳与进气室的维修保养 除定期检查机壳与进气室内部是否有严重的磨损，清除严重的粉尘堆积之外，这些部位可不进行其他特殊的维修。定期检查所有的紧固螺栓是否紧固，对有压紧螺栓的风机，将底脚上的蝶形弹簧压紧到图纸所规定的安装高度。

（3）轴承的维修保养　经常检查轴承润滑油供油情况，如果箱体出现漏油，及时停机，更换新的密封填料。

（4）风机停止使用时的维修保养　风机停止使用后，当环境温度低于5℃时，应将设备及管路的循环冷却水吹扫干净，避免冻坏设备及管路。

（5）风机长期停车的保养工作　将轴承及其他主要零部件的表面涂上防锈油以免锈蚀。

每班操作人员应手动将风机转子旋转半圈（即180°），转动前应在轴端作好标记，使轴端标记转动后在对应位置。

5. 离心风机常见故障及排除

离心机常见故障及排除方法见表4-9和表4-10。

▫ **表 4-9　机械故障分析及其消除方法**

故障名称	产生故障的原因	消除方法
叶轮损坏或变形	1. 叶片表面或钉头腐蚀或磨损 2. 铆钉和叶片松动 3. 叶轮变形后歪斜过大，使叶轮径向跳动或端面跳动过大	1. 如是个别损坏，应更换个别零件；如损坏过半，应更换叶轮 2. 用小冲子紧住，如仍无效，则需更换铆钉 3. 卸下叶轮后，用铁锤矫正，或将叶轮平放，压轮盘某侧边缘
密封圈磨损或损坏	1. 密封圈与轴套不同轴，在正常运转中被磨损 2. 机壳变形，使密封圈一侧磨损 3. 转子振动过大，其径向振幅大于密封径向间隙 4. 密封齿内进入硬质杂物，如金属、焊渣等 5. 推力轴衬溶化，使密封圈与密封齿接触而磨损	先清除外部影响因素，然后更换密封圈，重新调整和找正密封圈的位置

▫ **表 4-10　机械振动分析及其消除方法**

原因	特征	振动的因素分析	消除方法
转子静不平衡与动不平衡	风机和电动机发生同样的振动，振动频率与转速相符合	1. 轴与密封圈发生强烈摩擦，产生局部高热，使轴弯曲 2. 叶片质量不对称，或一侧部分叶片被腐蚀或磨损严重 3. 叶片附有不匀称的附着物，如铁锈、积灰或焦油等 4. 平衡块质量与位置不对，或位置移动，或检修后未找平衡 5. 风机在不稳定区（即飞动区）的工况下运转，或负荷急剧变化	1. 应换新轴，并需同时修复密封圈 2. 更换坏的叶片，或调换新的叶轮，并找平衡 3. 清扫或擦净叶片上的附着物 4. 重找平衡，并将平衡块固定牢固 5. 开大闸阀或旁路阀门，进行调节

原因	特征	振动的因素分析	消除方法
轴安装不良	振动为不定性的，空转时轻，满载时大（可用降低转速方法查出）	1. 联轴器安装不正，风机轴和电动机轴中心未对正，基础下降 2. 带轮安装不正，两带轮轴不平衡 3. 减速机轴与风机轴和电动机轴在找正时，未考虑运转时位移的补偿量，或虽考虑但不符合要求	1. 进行调整，重新找正 2. 进行调整，重新找正 3. 进行调整，留出适当的位移补偿余量
转子固定部分松弛，或活动部分间隙过大	发生局部振动现象，主要在轴承箱等活动部分，机体振动不明显，偶有尖锐的破击声或杂音	1. 轴衬和轴颈被磨损造成油间隙过大，轴衬和轴承箱之间紧力过小或有间隙而松动 2. 转子的叶轮、联轴器或带轮与轴松动 3. 联轴器的螺栓松动，滚动轴承的固定圆螺母松动	1. 焊补轴衬合金，调整垫片，或刮研轴承中分线 2. 修理轴和叶轮，重新配键 3. 拧紧螺母
基础或机座的刚度不够或不牢固	电动机和风机整体振动，而且在各种负荷情形时都一样	1. 地脚螺母松动，垫片松动，机座连接不牢固，连接螺母松动 2. 基础或机座的刚性不够，促使转子不平衡，引起强烈的共振 3. 管道未留膨胀余地，与风机连接处的管道未加支撑装置或安装和固定不良	1. 查明原因后，施以适当的修补和加固，拧紧螺母，填充间隙 2. 进行调整和修理，加装支撑装置
风机内部有摩擦现象	振动不规则，且集中在某一部分。噪声和转速相符合，在启动和停车时，可以听见风机内部金属乱碰声	1. 叶轮歪斜而与机壳内壁相碰，或机壳刚度不够，左右晃动 2. 叶轮歪斜而与进气口圈相碰 3. 推力轴衬歪斜、不平衡或磨损 4. 密封圈与密封齿相碰	1. 修理叶轮和推力轴衬 2. 修理叶轮和进气口圈 3. 修补推力轴衬 4. 更换密封圈，调整密封圈和密封齿间隙

（三）卸料器

1. 卸料器概述

YCD-HX-16 卸料器又称星型卸料器（见图 4-10），俗称卸灰阀、卸料器。

YCD-HX-16卸料器按其外形结构分为圆形卸灰阀和方形卸灰阀。其特点是工作平稳可靠、卸料均匀、结构简单、体积小、密封性能好、维护方便、使用时间长。

图 4-10　星型卸料器

2. 卸料器结构

星型卸料器主要由电机、摆线针轮减速机、壳体、叶轮、主轴、轴承座、左右端盖组成。采用优质钢板焊接结构，叶片耐磨性强。

3. 卸料器工作原理

由于星型卸料器的轴承和减速机都是向外凸出，能够避免粉尘进入轴承和大颗粒物料卡死现象。工作时由电机带动减速机使叶轮转动，把壳体上部的物料均匀地带到下部，由刮板输送机带入灰罐。所以星型卸料器只能直立安装，而不允许水平安装，卸料器的上部要保持一定的物料。

4. 净化系统设备操作

（1）开车前准备

① 检查粗气、净气、空冷风机底座螺栓有无松动，油位正常，冷却水是否通畅，手动盘车是否轻松。

② 检查各个反吹装置、卸料器、电磁振动器、刮板输送机各紧固螺栓有无松动、减速机有无异音、漏油现象。

③ 检查各电动蝶阀、手动蝶阀、检修阀门手柄是否灵活好用，检查阀门开度位置。

④ 检查各个仓室盲孔密封、防爆膜有无漏气。

⑤ 检查管道法兰、波纹补偿器、布袋仓压盖密封是否完好。

⑥ 检查氮气压力是否符合工艺要求。

⑦ 检查各转动设备旋向是否正确。

（2）开车前试运行　风机试运行时观察风机旋向（如方向与标定方向相反，通知电工倒换电机接线方式），用钳形电流表观察电流波动情况，空载电流不能超过电机额定电流，运行时间为2h。风机试运行期间检查风机进出口法兰密封漏气情况。

（3）正常运行

① 首先用氮气对各仓室进行置换，并定时取样，化验气体样，待气体样化验合格后，启动各净化风机、刮板输送机。

② 手动打开放散烟道电动蝶阀。

③ 卸灰阀刮板机打到自动位—振动器小布袋仓打到自动位—蝶阀控制打到手动位—反吹蝶阀打到自动位—将变频器允许控制选择开关打到自动位。

④ 设备运行正常后通知电石炉运行班组降负荷，当负荷降至 1 挡时，打开 1 号炉门置换 5 min 后将水冷烟道蝶阀打开，通知配电工将荒气烟道关闭至 50%。

⑤ 净化系统投运 5min 后关闭炉门，配电工关闭荒气烟道蝶阀。

⑥ 通知配电工升负荷。

⑦ 关闭净化各仓室的氮气阀。

（4）正常停车

① 打开荒气烟道水冷蝶阀，手动关闭净气烟道蝶阀。

② 降低各风机频率（如送气先关闭输气管道进口蝶阀，打开放散烟道电动蝶阀）。

（四）净化系统设备异常情况处理

净化系统故障现象、原因分析及处理措施见表 4-11。

⊡ **表 4-11　净化系统故障现象、原因分析及处理措施**

故障现象	原因分析	处理措施
卸灰阀不工作	电机烧坏或异物卡死	检查盘车或更换电机
拉链机不除灰	电机故障或链条拉断	检查更换电机或链条
布袋仓反吹漏气	反吹装置密封磨损	更换密封
离心风机振动	地脚螺栓松动或靠背轮螺栓磨损	紧固地脚螺栓或更换减震垫
电动蝶阀不动作	电器故障或执行机构电机烧损	检查电气元件或更换电机

（五）日常维护巡检要求

（1）操作人员每班对风机、卸灰阀、刮板输送机进行巡检，检查有无缺油、漏油现象，发现设备隐患及时处理，不能及时处理立即通知相关人员进行检查。

（2）定期检查阀门、防爆膜及各法兰密封情况，如发现漏气，及时更换密封。

（3）检查各手动检修阀丝杠灵活好用，及时润滑。

（4）及时清理刮板输送机传动链条油污。

第四节　布袋除尘器

一、脉冲反吹布袋除尘器工作原理

脉冲布袋除尘器箱体分隔成若干个小箱体，每个小箱体由若干条滤袋组成，并在每个小箱体出口管道上装有一个气缸提升机构。当除尘器过滤粉尘气体设定时间到后，时间继电器给反吹装置电磁阀信号，第一个箱体的提升阀开始关闭，切断过滤气流，然后箱体的脉冲阀开启，压缩空气进入净气室，由滤袋内部反向吹出，清理滤袋上的粉尘。

布袋除尘器气体流向示意图见图 4-11。

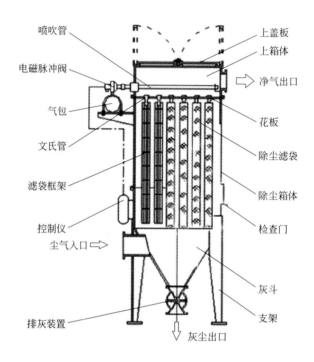

图 4-11　布袋除尘器气体流向示意图

（一）布袋除尘器主要组成设备

脉冲布袋除尘器由离心风机、螺旋输送机、耐高温卸料器、脉冲反吹装置、储气罐、气缸提升机构、灰斗、上箱体、下箱体等组成。

（二）脉冲阀工作原理

随着滤袋表面粉尘不断增加，除尘器进出口压差也随之上升。当除尘器阻力达到设定值时，控制系统发出清灰指令，清灰系统开始工作。首先电磁阀接到信号后立即开启，使小膜片上部气室的压缩空气被排放，由于小膜片两端受力的改变，使被小膜片关闭的排气通道开启，大膜片上部气室的压缩空气由此通道排出，大膜片两端受力改变，使大膜片动作，将关闭的输出口打开，气包内的压缩空气经由输出管和喷吹管喷入袋内，实现清灰。当控制信号停止后，电磁阀关闭，小膜片、大膜片相继复位，喷吹停止。

脉冲阀结构示意图见图 4-12。

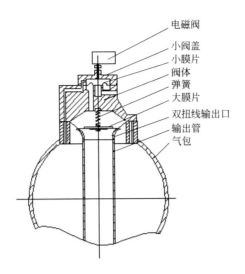

电磁阀
小阀盖
小膜片
阀体
弹簧
大膜片
双扭线输出口
输出管
气包

图 4-12　脉冲阀结构示意图

（三）袋式除尘器的清灰

1.逆气流清灰

过滤风速一般为 0.5～2.0m/min，压力损失控制范围 1000～1500Pa，这种清灰方式的除尘器结构简单，清灰效果好，滤袋磨损少，特别适用于粉尘黏性小、玻璃纤维滤袋的情况。逆气流清灰见图 4-13。

2.脉冲喷吹清灰

利用 0.3～0.45MPa 的压缩空气进行反吹，压缩空气的脉冲产生冲击波，使滤袋振动，黏结在滤袋粉尘层脱落。必须选择适当压力的压缩空气和适当的脉冲持续时间（通常为 0.1～0.2s）。每清灰一次，叫做一个脉冲，全部滤袋完成一个清灰循环的时间称为脉冲周期，通常为 60s。

脉冲喷吹袋式除尘器示意图见图 4-14。

（四）除尘器维护保养

布袋除尘器能否保持长期高效、稳定地运行，日常的维护、保养是至关重要的。布袋除尘器日常维护需要做到以下几点。

（1）操作人员应熟悉布袋除尘器的原理、性能、使用条件，并掌握设备气动元件调整和维修方法。

（2）减速机、输灰装置等机械运动部件应按规定加换油，发现转动设备有不正常现象应及时处理，不能处理的及时上报。

（3）储气罐、气源三联件中的油水分离器应每班排污一次，同时油水分离器应每隔 3～6 个月清洗一次，油雾器应经常检查存油情况，及时排放油污。

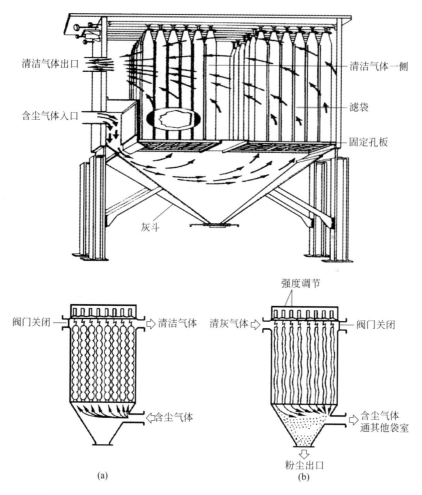

清洁气体出口
清洁气体一侧
含尘气体入口
滤袋
固定孔板
灰斗

阀门关闭
清洁气体
含尘气体

强度调节
清灰气体
阀门关闭
含尘气体通其他袋室
粉尘出口

(a)

(b)

图 4-13　逆气流清灰

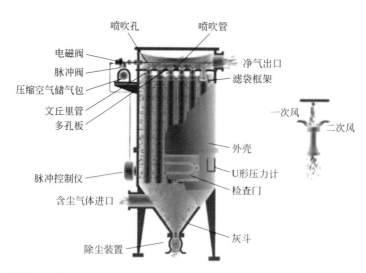

喷吹孔
喷吹管
电磁阀
脉冲阀
压缩空气储气包
文丘里管
多孔板
净气出口
滤袋框架
一次风
二次风
脉冲控制仪
外壳
U形压力计
检查门
含尘气体进口
除尘装置
灰斗

图 4-14　脉冲喷吹袋式除尘器

（4）电磁脉冲阀如发生故障，应及时排除，如内部有杂质、水分、结冻，应及时进行清理，如膜片损坏应及时更换。

（5）布袋除尘器在正常工作时，排灰装置不能停止工作，否则，灰斗内很快会积满粉尘以致溢入袋室，造成布袋除尘除灰效果降低。

（6）使用时间继电器脉冲控制器，应定期检查清灰周期是否准确，否则应进行调整。

（7）开机时，应先接通压缩空气至储气罐，储气罐压力达到规定值，接通控制电源，启动排灰装置，如果系统中还有其他设备，应先启动下游设备。

（8）停机时，在工艺系统停止之后，应保持布袋除尘器和引风机继续工作一段时间，清除除尘设备内的潮气和粉尘。布袋除尘器停止工作时，必须反复清灰（可用手动清灰），将除尘滤袋上的粉尘除掉，以防受潮气影响而使粉尘黏结滤袋。

（9）停机时，不必切断压缩气源，尤其在风机工作时，必须向提升阀气缸提供压缩空气，以保证提升阀处于开启状态。

（10）定期检查布袋除尘器的工艺参数，如烟气量、入口温度、粉尘浓度等，发现异常，应查找原因并及时处理。

（五）除尘器运行注意事项

在布袋除尘器的日常运行中，由于运行条件会发生某些改变，或者出现某些故障，都将影响设备的正常运转状况和工作性能要求，要定期进行检查和适当的调节，目的是延长设备的寿命，降低动力消耗，应注意的问题如下。

1. 日常巡检

每班定时对除尘设备进行巡检，检查风机底座螺栓有无松动，油位是否正常，反吹系统工作正常。定时对压缩空气储罐进行排污，检查压力表显示正常。发现设备隐患故障及时排除，保证其正常运行。

2. 流体阻力

压差增高，意味着滤袋出现堵塞，滤袋上有水汽冷凝，清灰机构失效，灰斗积灰过多以致堵塞滤袋。压差降低则意味着出现了滤袋破损或松脱，进风侧管道堵塞或阀门关闭，箱体或各分室之间有泄漏现象，风机转速减慢等情况。

（六）除尘器安全注意事项

在处理燃烧气体或高温气体时，常常有未完全燃烧的粉尘、火星和爆炸性气体等进入系统之中，有些粉尘具有自燃着火的性质或带电性，同时大多数滤料都易燃烧、摩擦易积聚静电，在这样的运转条件下，存在着发生燃烧、爆炸事故的风险，应采取防火、防爆措施。

（1）在除尘器的前面设燃烧室或火星捕集器，以便使未完全燃烧的粉尘与气体完全燃烧或把火星捕集下来。

（2）采取防止静电积聚的措施，各部分用导电材料接地，或在滤料制造时加入导电纤维。

（3）防止粉尘的堆积或积聚，以免粉尘的自燃和爆炸。

（4）人进入袋室或进行管道检查或检修前，务必通风换气，以防人员缺氧窒息。

二、正压反吸大布袋除尘器

正压反吸大布袋除尘器是一种高效收尘设备，该设备在250℃以下、高含尘浓度烟气条件下，能长期高效运行，收尘效率可稳定在99.5%以上。该除尘器采用PLC可编程控制器定时或定阻控制，能在不停机情况下进行维修而不影响生产。所用玻纤袋长6~12m，直径为200~300mm。通过对运行参数的优化组合，具有处理风量大、处理空气含尘浓度高、滤料使用寿命长、除尘效率高、排放浓度低等优点。优化除尘器结构设计，采用板块结构，长袋，钢耗量低，占地面积小。该设备可广泛应用于电力、冶金、炭黑、水泥等工业废气的净化与物料回收，如水泥回转窑、箅式冷却机、烘干机、电站锅炉、石灰窑、冶金烧结机和电弧炉等的烟尘净化。

大布袋除尘器见图4-15。

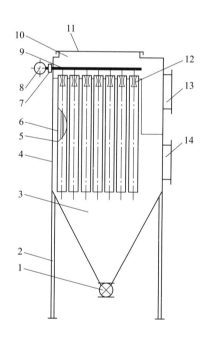

图4-15 大布袋除尘器

1—卸灰阀；2—支架；3—灰斗；4—箱体；5—滤袋；6—袋笼；7—电磁脉冲阀；8—储气罐；9—喷管；10—清洁室；11—顶盖；12—环隙引射器；13—净化气体出口；14—含尘气体入口

1. 工作原理

（1）正常工作时，在通风机的作用下，含尘气体被吸入进风总管，通过各进风支管均匀地分配到各进气室，然后涌入滤袋，大量粉尘被截留在滤袋外部，而气流则透过滤袋达到净化。净化后的气流直接排入大气。

（2）随着滤袋织物表面附着粉尘的增厚，收尘器的阻力不断上升，这就需要定期进行清灰，使阻力下降到所规定的下限以下，收尘器才能正常运行。清灰是分室进行的，整个清灰过程主要通过反吸风机来进行。首先启动反吸风机，然后依次一个室、一个室的进行清灰。对某一室进行清灰时，先关闭该室的气动进气阀，打开气动反吸风阀，通过反吸风机的反吸作用，滤袋由鼓胀变成缩瘪。经一定时间，气动反吸风阀关闭，打开气动进气阀，大量含尘气体又自下而上冲入，使滤袋重新鼓胀、抖动，反复进行多次，再关闭进气阀与反吸风阀，使袋室内停风，这样的一鼓一瘪一停，使黏附在滤袋上的粉尘受冲抖而脱落下来，沉降入灰斗，从而达到了清灰的目的。一个室清灰完毕，关闭该室的反吸风阀，打开进气阀恢复正常过滤，再依次对下一个室进行清灰，灰斗中的灰则由底部气动排灰阀排出。

2. 结构形式

该收尘器采用内滤侧进风形式。本体结构采用框架式钢结构，采用滤袋吊挂张紧装置。

3. 产品的结构

（1）进风及反吸风系统　由进气管道、气动进气阀、反吸风管道、压缩空气管道、反吸风阀等组成。

（2）袋室结构　由本体部件、花板、滤袋、吊挂装置、检修门、爬梯平台、吊挂梁等组成。

（3）排灰系统　由卸料器、灰斗等组成。

三、收尘器本体部分的调试与使用

1. 调试与使用前检查

（1）在设备安装完毕后，应将袋室、进气管、反吸风管、灰斗等部件内的杂物清除干净，检查气动进气阀、反吸风阀、卸灰阀是否灵活，并注以相应润滑剂。

（2）检查各滤袋捆扎是否完好，滤袋应拉紧、挂直（大约拉力为500N左右）；检查检修门是否严密，如不严密，需整形或更换密封填料。

（3）检查各仪表与收尘器各电器执行元件的接线是否正确。

2. 空载运行

（1）接通压缩空气，检查压缩空气各管接头、球阀、滤气器、调压阀、油雾器、电磁阀、气缸等气动元件是否严密。然后操纵电控装置的开关，向电磁阀输出动作信号，观察各气动元件是否正常。

（2）启动排灰装置，检查是否符合工作要求。

（3）启动主风机，观察除尘器空载运行的工作情况。

（4）逐室检查反吸风清灰的情况，观察反吸风机清灰的效果。

3. 负载运行

（1）在产尘设备正式开始运行的同时，收尘器的正常工作温度为 $170\sim220℃$。对高于此温度的烟气，不允许直接进入玻纤袋除尘，应采取适当的降温措施。

（2）检查各阀门运行是否正常，检查检修门是否严密，本体升温后是否有鼓胀情况。

（3）运行一段时间以后（如三天后），应逐室停风进入袋室检查滤袋张紧情况、袋的扎紧程度、袋上粉尘积附情况是否正常。

（4）运行初期滤袋上积灰不多，阻力较小，除尘效率不高，应有一个过渡期，待滤袋表层建立起一层滤层后，才能达到设定的除尘效率和排放浓度。过渡期视入口浓度而定，可能是 $2\sim3d$ 或 $4\sim5d$。过渡期中应投入定压清灰控制运行。过渡期限后，应不断观察收尘器出入口压差，按设计阻力（$800\sim1500Pa$）手动控制清灰，同时记录清灰的时间以及与二次清灰间的清灰周期，待此时基本稳定不变即可停止手动清灰，同时记录清灰的时间与清灰周期，以此清灰周期作为定时电控输入 PLC，转入自动定时控制运行。此时产尘设备应正式稳定运行。

（5）在产尘设备停止生产，收尘器停止运行前，必须进行清灰，把滤袋上的积灰清除干净，并将灰斗内的灰尘排净，以防停机后灰尘在滤袋内和灰斗内干结，腐蚀灰斗壁，影响收尘效率和设备使用寿命。

4. 电控部分

电控的安装按电控使用说明书要求进行。在检查连接线路、仪表无误后，接通电源，用手动操作，使各部分工作正常后，可按以上除尘器运行初期、过渡期的要求进行控制，待定时的时间定值确定后输入 PLC，实现除尘器清灰的自动定时控制操作。

四、旋风除尘器简介

旋风除尘器是利用旋转的含尘气体所产生的离心力，将粉尘从气流中分离出来的一种干式气-固分离装置。该类分离设备结构简单、制造容易、造价和运行费用较低，对于 $5\mu m$ 以上的较粗颗粒粉尘，净化效率很高，所以在矿山、冶金、耐火材料、建筑材料、煤炭、化工及电力工业部门应用极为普遍。但旋风除尘器对于 $5\mu m$ 以下的较细颗粒粉尘（尤其是密度小的细颗粒粉尘）净化效率极低，所以旋风分离器通常用于粗颗粒粉尘的净化或用于多级净化时的初步处理。

（一）旋风除尘器的结构及特点

旋风除尘器也称作旋风分离器，主要由排灰管、圆锥体、圆柱体、进气管、排气管以及顶盖组成。

旋风分离器结构及内部流场示意图见图 4-16。

旋风除尘器具有以下特点。

（1）结构简单，本体无运动部件，不需要特殊的附属设备，占地面积小，制造、安装投资较少。

（2）操作维护简便，压力损失中等，动力消耗不大，运转、维护费用较低。

（3）操作弹性较大，性能稳定，不受含尘气体的浓度、温度限制。对于粉尘的物理性质无特殊的要求，同时可根据化工生产的不同要求，选用不同的材料制作或内衬不同耐磨、耐热的材料，以提高使用寿命。

（4）CLT/A 型旋风除尘器主要由旋风筒体、集灰斗、蜗壳（或集风帽）组成，有两种出风方式：X 型（水平出风）一般用于负压操作；Y 型（上部出风）一般用于正或负压操作。CLT/A 型旋风除尘器属螺旋形旋风除尘器，其顶盖板做成下倾 15° 的螺旋切线形，含尘气体进入除尘器后，沿倾斜顶盖的方向做下旋流动形，而不致形成上灰环，可消除引入气流向上流动而形成的小旋涡气流，减少动能消耗，提高除尘效率。它的另一个特点是筒体细长、锥体较长，而且锥体锥角较小，能提高除尘效率，但压力损失也较高。所以，旋风除尘器广泛用于工业炉窑烟气除尘和工厂通风除尘，工业气力输送系统气固两相分离与物料气力烘干回收等。

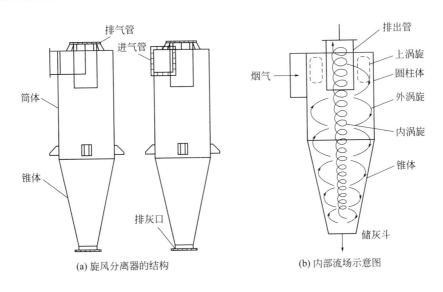

(a) 旋风分离器的结构　　　　(b) 内部流场示意图

图 4-16　旋风分离器结构及内部流场示意图

（二）旋风除尘器的工作原理及其优点

1. 旋风除尘器工作原理

旋风除尘器是利用旋转气流所产生的离心力将尘粒从含尘气流中分离出来的除尘装置。它具有结构简单，体积较小，不需特殊的附属设备，造价较低，阻力中等，器内无运动部件，操作维修方便等优点。旋风除尘器一般用于捕集 $5\sim15\mu m$ 以上的颗粒，除尘效率可达 80% 以上，近年来经改进后的特制旋风除尘器，其除尘效率可提高 5% 以上。旋风除尘器的缺点是捕集粒径小于 $5\mu m$ 的粉尘颗粒效率不高。

2. 旋风除尘器内气流与尘粒的运动

（1）旋转气流的绝大部分沿圆筒体器壁，呈螺旋状由上向下，向圆锥体底部运动，形成下降的外旋含尘气流，在强烈旋转过程中所产生的离心力将密度远远大于气体的尘粒甩向器壁，尘粒一旦与器壁接触，便失去惯性力而靠进口速度的动量和自身的重力沿壁面下落进入集灰斗。旋转下降的气流在到达圆锥体底部后，沿除尘器的轴心部位转而向上，形成上升的内旋气流，并由除尘器的排气管排出。

（2）自进气口流入的另一小部分气流，则向旋风除尘器顶盖处流动，然后沿排气管外侧向下流动，当到达排气管下端时，即反转向上随上升的中心气流一同从排气管排出，分散在其中的尘粒也随同被带走。

3. 旋风除尘器的特点

（1）按照前面轴向速度对流通面积积分的方法，一并计算常规旋风除尘器安装了不同类型减阻杆后下降流量的变化，并将各种情况下不同断面处下降流量占除尘器总处理流量的百分比绘入，以表明上、下行流区过流量的平均值即下降流量与实际上、下行流区过流量差别的大小。同时，可看出各模型的短路流量及下降流量沿除尘器高度的变化。与常规旋风除尘器相比，安装全长减阻杆后使短路流量增加，但安装非全长减阻杆后使短路流量减少。安装全长减阻杆后下降流量沿流程的变化规律与常规旋风除尘器基本相同，呈线性分布，三条线平行下降。但安装非全长减阻杆后，分布呈折线而不是直线，其拐点恰是减阻杆从下向上插入所伸到的断面位置。由此还可以看到，非全长减阻杆使得其伸至断面以上各断面的下降流量增加，下降流量比常规除尘器还大，但接触减阻杆后，下降流量减少很快，至锥体底部达到或低于常规除尘器的量值。

（2）短路流量的减少既可提高除尘效率，增大断面的下降流量，又能使含尘空气在除尘器内的停留时间增长，为粉尘创造了更多的分离机会。因此，非全长减阻杆虽然减阻效果不如全长减阻杆，但更有利于提高旋风除尘器的除尘效率。常规旋风除尘器排气芯管入口断面附近存在高达24%的短路流量，这将严重影响整体除尘效果。如何减少这部分短路流量，将是提高效率的一个研究方向。非全长减阻杆减阻效果虽然不如全长减阻杆好，但由于其减小了常规旋风除尘器的短路流量及使断面下降流量增加、使旋风除尘器的除尘效率提高，将更具实际意义。

第五节　出炉系统设备知识

电石炉内生成的电石从炉口流出也需要一套设备，称作出炉系统设备。出炉系统设备主要包括炉舌（或称炉嘴）、电石锅、出炉小车、出炉轨道、烧穿装置、卷扬机、炉前挡火屏及出炉排烟系统。

一、炉舌

炉舌由铸铁或耐热铸铁制成，安装在炉体的出炉口，用于炉内电石流入电石锅中。炉舌通常采用通水冷却方式，主要目的是延长炉舌的使用寿命，因其冷却速度快，凝结在炉舌上的电石硬块容易撬掉。出炉之前在炉舌上铺一层电极糊粉末，在出完电石之后撬凝结在炉舌上的硬块时，既方便又安全。

二、电石锅

电石锅由锅体、锅底、锅耳合页组成。电石锅由铸钢 ZG230-450 铸造而成，能耐 1000℃ 高温，满足电石生产需求。电石锅用于盛装刚出炉的电石。电石锅底铺 10cm 左右的电极糊粉末以防止电石中铁水含量较高时击穿锅底。锅耳合页的作用是便于把冷却后的电石夹出电石锅，实物如图 4-17 所示。

电石锅开闭模装置的成功试用，破解了靠人工打锅耳的行业难题，具有重要意义。

三、出炉小车及出炉轨道

出炉小车的主要用途是将盛装电石的电石锅拉运至冷破厂房，在其内进行冷却。两车轮轴中心线的距离为（600±2）mm，平行度不得大于 2mm，同轴两轮相对侧面间距（600±1）mm。出炉轨道由钢轨、铸钢轨道及连接板、道岔装置、压辊、地辊、炉口铁板组成。出炉轨道的用途主要是承托和引导出炉小车运行。

图 4-17　电石锅示意图

四、烧穿装置

烧穿装置包括烧穿导电铜排、母线铜头、烧穿母线、锥形槽固定板、烧穿母线搭接锥形槽、烧穿器搭接球头、滑行轨道、烧穿母线吊挂、烧穿器、搭接球头固定板、烧穿碳棒、支架卡槽等。

五、卷扬机

卷扬机是一种把电能转化为机械能的设备。目前卷扬机使用自动离合器操作方式进行控制。卷扬机包括卷筒、电动机、制动器、减速器、离合齿轮装置、凸轮控制器等装置。卷扬机减速机从外观上看由高速轴、低速轴和壳体组成。高速轴与电动机轴通过减震联轴节相连，减速机与电机之间都有制动器。减速机输出轴为低速大扭矩轴，输出轴与钢丝绳卷筒连接，用于收放钢丝绳。卷筒上的钢丝绳应排列整齐，如发现重叠和斜绕时，应停机重新排列。钢丝绳不许完全放出，最少应保留三圈。钢丝绳不许打结、扭绕，在一个节距内断线超过 10％时，应予更换。卷扬机主要用于来回牵引出炉小车及电石锅到冷破厂房进行冷却。电动机也是卷扬机最主要的组成部分，所以在运行中检查电动机的运转情况，有无噪声、振动。

卷扬机示意图见图 4-18。

图 4-18　卷扬机示意图

（一）卷扬机改造前操作原理

电石炉生产过程中卷扬机是不可缺少的一种设备，它主要是利用辊筒卷拉钢丝绳产生的机械动能将出完炉后满载电石的小车运输到冷却厂房进入下一步生产工序。其间，因需要将热电石锅拉到冷却厂房用空电石锅进行置换后再拉回出炉口下方，做好出下一炉电石的准备，故而在一条路线的两端会设有两台卷扬机。拉运过程中，一端运行，另一端卷扬机必须将电机和滚轴分离，否则两端"吃劲"就会造成卷扬机"对拉"，造成电石锅侧翻、钢丝绳断裂，发生严重事故；以往的卷扬机电机与滚轴连接处采用方形齿轮，齿轮啮合和分离需要人为操作挡杆实现，操作过程中人力干预较多，操作信号来源面广，操作方法繁琐。

主要原理：当要启动 1 号卷扬机时，首先有一个人去 2 号卷扬机处将 2 号卷扬机离合器断开，再启动 1 号卷扬机，并有一个人始终在卷扬机旁，当要启动 2 号卷扬机时需先将 1 号卷扬机离合器断开，另外一个人将 2 号卷扬机离合器闭合启动使用。

手动操作卷扬机示意图见图 4-19。

图 4-19　手动操作卷扬机示意图

存在的问题：

（1）设备距离较远，操作时间长，作业人员耗时耗力。

（2）作业现场为高温环境，噪声严重，存在信号错乱问题，误操作而引起对拉事故发生。

（3）因为操作人员处在卷扬机正后方，设备设施处在运行状态时，安全风险不能降到最低。

（二）卷扬机改造后操作原理

将原有方形离合器改为斜形逆向离合器，在离合器平行位置加装支架并安装电动推杆，电动推杆端头与离合器挂挡挡杆连接，实现卷扬机自动控制。主要方式为：电动推杆通过涡轮组减速后带动丝杠，把电动推杆旋转运行变为直线运行。利用电动机正反转完成推拉动作从而达到离合器啮合、分离作用；通过各种杠杆、摇杆、连杆等机构可完成转动摇动等动作，通过改变杠杆长度可增加行程；本地操作改为远程按钮操作，在远程控制点安装控制按钮开关来达到控制目的；如出现挡位未能完全退出，斜形逆向离合器受力后，通过反向挤压自动退出闭合状态，起到二次保护作用。

1. 离合器改造

卷扬机离合器改造见图 4-20。

（1）由原来的直齿改为斜齿，更便于咬合，直齿在齿轮啮入啮出的瞬间会产生由于制造误差导致的速度不均匀变化，从而产生多边形效应。

（2）斜齿却是在每时每刻都在啮入啮出的状态中，没有啮合盲区，从而保证速度的均匀性。

2. 手动操作改为遥控器远程操作

将原有的操作人员折返机旁操作方式改为定点遥控器远程操作，人员站在定点位置，使用遥控器即可操作卷扬机。远程遥控系统改造见图 4-21，远程遥控器见图4-22。

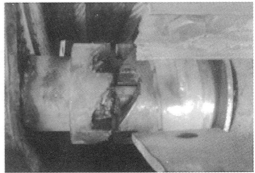

图 4-20　卷扬机离合器改造

图 4-21　远程遥控系统改造

图 4-22　远程遥控器

所解决的问题如下。

（1）有效降低作业人员作业安全风险，提高安全系数。

（2）与手动控制相比，远程操作控制故障率降低，操作便捷。

（3）出炉作业为密集型作业，此改造可将减下来的操作工充实到其他紧缺岗位 。

（4）通过以上改造，实现卷扬机远程自动化操作，彻底解决以往的繁琐操作，达到减员增效。

（三）改造的内容

1. 各部件的名称

卷扬机卷筒；卷扬机电机；卷扬机斜型逆向离合器；卷扬机减速机；卷扬机电动推杆；卷扬机挂挡挡杆；卷扬机遥控器。卷扬机装置见图 4-23。

2. 主视、侧视、俯视、剖视图及其各部件的标号

3. 各部件的连接方式

卷扬机卷筒：与卷扬机输出轴连接，进行钢丝绳缠绕。

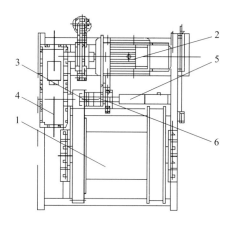

图 4-23　卷扬机装置

1—卷扬机卷筒；2—卷扬机电机；3—卷扬机斜型逆向离合器；4—卷扬机减速机；5—卷扬机电动推杆；6—卷扬机挂挡挡杆

卷扬机电机：作为主要机械动能输出与刹车鼓相连接。

卷扬机斜型逆向离合器：安装在减速机输入轴位置。

卷扬机减速机：作为主要机械动能来源，与输入、输出轴相连接。

卷扬机电动推杆：安装至减速机输出轴支撑架后方，与斜型逆向离合器平行连接。

卷扬机挂挡挡杆：安装在减速机输出轴斜型逆向离合器卡槽内，起到啮合、分离作用，下方为半圆形，加装有拨叉销子，与卡槽配合动作，上方挡杆连接孔与电动推杆连接孔连接，电动推杆旋转做直线运动、电机正反转做推拉动作来达到使用要求。

4. 具体的安装使用过程和功能作用

安装使用：各部件按照图纸要求进行安装连接，推杆支架、斜型逆向离合器安装到位后，电动调试正常才可使用。

功能作用：实现电石炉卷扬机自动控制，提高工作效率及安全性，降低劳动强度；减员增效。

六、炉前挡火屏

炉前挡火屏（见图 4-24）由挡屏架、耐火砖、冷却水道等组成，用于电石出炉时遮挡辐射热。冷却水道为焊接水冷结构，前面有挡屏架和耐火砖组成的保护层，冷却水道为水冷焊接结构。进行水流量检测时，要求通水回路畅通，内部水路无串水、短路和堵塞现象，观察管路是否畅通，检查是否有渗漏现象，回水压力是否正常。

图 4-24　炉前挡火屏

在出炉挡火屏上方安装气动挡火门，可有效避免因高温物料喷出造成的设备损坏。

七、 出炉排烟系统

出炉排烟系统主要由吸烟罩、烟气管道、手动翻板阀、烟道吊挂、烟囱、引风机、布袋除尘器等组成。烟罩为水冷结构。在出电石时，用于对出炉口烟气进行收集、输送。电石炉共有三个出炉口，当其中一个出炉口出电石时，将该出炉口的烟道翻板阀打开，关闭另两个出炉口的烟道翻板阀，出炉时排出的烟气经烟道、引风机进入布袋除尘器中，经除尘后排空。集烟罩为水冷焊接结构，所以在日常运行过程中应注意各水路接头有无渗漏现象，回水压力是否正常。

八、出炉设备日常维护保养

出炉设备能否保持长期高效、稳定地运行，日常的维护、保养是至关重要的。出炉设备日常维护需要做到以下几点。

（1）出完电石及时清理炉舌上凝结的电石。

（2）每班擦拭卷扬机表面油污，钢丝绳每星期至少润滑一次。减速机半年更换一次齿轮油，每星期加一次油。

（3）每班检查紧固碳棒夹具及铜母线螺丝，吊挂滑轮每星期加一次润滑油。

九、出炉设备运行注意事项

为了保证设备正常运行，延长设备使用寿命，在正常生产运行过程中应注意以下事项。

（1）检查炉舌冷却管线是否有渗漏现象，炉舌表面是否平整，有无凹坑现象。

（2）使用前检查电石锅表面有无裂纹，锅壁内侧是否有电石严重冲击过的凹坑，锅底是否击穿，插板是否变形严重。

（3）检查小车运行是否平稳，有无异声；小车车体有无脱焊；轨道平整，无变形现象。

（4）检查卷扬机电控箱各操作开关是否正常，检查制动器是否灵活，电机运行温度不得超过70℃。电机运行是否有异声，接地是否良好。检查电动机底座螺栓有无松动，减速机油位是否正常，钢丝绳在一个节距内断线超过10%时，应予更换，检查离合器、制动器是否灵敏可靠，齿轮等传动装置、防护罩是否齐全。

（5）烧穿母线的接触断路器和烧穿器上使用的绝缘垫、绝缘板是否损坏，吊挂滑轮润滑是否良好，接触断路器接触是否良好，旋转吊挂转动是否灵活、无卡塞。

十、出炉设备操作安全注意事项

为了保障设备及操作人员的安全，在日常生产中需要注意以下事项。

（1）卷扬机作业时不准有人跨越卷扬机的钢丝绳，操作时严禁擅自离开工作岗位，卷扬机各遥控器应保持灵敏。

（2）检查卷扬机钢丝绳断股严重的及时进行更换。

（3）检查出炉集气烟罩、炉前挡火屏无渗漏，以免发生电石闪爆事故，危及操作人员人身安全。

第六节　出炉智能机器人设备

炉前作业智能机器人系统主要由六大部分组成，移动大车基座、移动大车、智能机器人本体、工具库、电气控制柜、琴式操作台。其中工具库包括钎子、拉渣器、开眼器、脉冲堵眼器。

智能机器人的系统组成示意图见图 4-25。

图 4-25　智能机器人的系统组成示意图

一、智能机器人的出炉工艺

（1）出炉操作前将电石碎料装入脉冲堵眼器料斗中，压装好上盖。

（2）机器人抓取已连上铜母线的烧穿器并将烧穿器定位到炉口，自动供电装置完成母线与主电路的合闸，使得铜母线带电，将炉口烧成外大内小的喇叭形，并保证炉眼烧开后再进行下一步开眼操作。

（3）炉眼烧开后，自动供电装置完成母线与主电路的开闸，使得母线断电。智能机器人抓取烧穿器放回至烧穿器架。

（4）智能机器人抓取开眼器，将开眼器定位到炉口，执行自动开眼操作。此过程可根据实际出炉情况重复进行。

（5）在出炉过程中，根据炉舌上电石渣料堆积情况，适时抓取拉渣器进行清理炉舌操作，将炉舌扒出流道，以免电石液从炉舌两侧流出，掉落在轨道上。

（6）出炉完成，堵眼操作前，智能机器人抓取烧穿器并将烧穿器定位到炉口，自动供电装置完成母线与主电路的合闸，使得母线带电，进行修复炉眼操作。炉眼修复后，自动供电装置完成母线与主电路的开闸，使得母线断电。智能机器人抓取烧穿器放回至烧穿器架。

（7）采用脉冲堵眼器进行堵眼操作。智能机器人抓取脉冲堵眼器定位到炉口，脉冲气体压力调至 0.5MPa，然后执行堵眼操作。

（8）出完电石待通水炉舌上残留电石冷却后，使用捣炉舌钎子将炉舌上残留的电石清理至电石锅内，炉舌根部不好清理时使用烧穿器修复至理想状态。

二、智能机器人出炉操作注意事项

（1）启动智能机器人前，先确认安全护栏内无人，智能机器人处于安全位置，执行自动动作无碰撞危险。

（2）在每次出炉操作前对工具进行目测检查，并确保工具与工具架卡槽在同一直线，对有问题的工具进行校正和抓取调试。

（3）智能机器人在出炉过程中抓取工具异常时，操作人员只允许切换工具使用，禁止在设备运行中校正工具。

（4）智能机器人在出炉过程中工具归位出现异常时，操作人员应停止智能机器人，切换至手动操作，放置工具后进行后续操作。

（5）手动操作必须有人拿对讲机在安全护栏外侧监护，避免智能机器人出现碰撞损伤，手动操作后转为自动操作前必须确认智能机器人处于安全位置。

（6）智能机器人黄色动作执行灯亮时为非紧急情况，必须要等到黄色动作执行灯灭后再进行其他操作，如果动作执行被中断，必须按复位按钮，并视不同情况进行相应安全手动处理后，方可转为自动操作。

（7）正常生产情况下电石炉必须使用烧穿器开眼，通过钢钎带动使电石正常流出。当出现夹钎子现象时，必须先浅后深快速带钎，避免钢钎熔断。

（8）在出炉操作完成后，操作人员必须对炉眼进行彻底维护，为下次出炉做好准备。

（9）使用智能机器人开眼时尽量使用烧穿器将炉眼烧开，严禁强开炉眼。

（10）需要更换工具时先进行系统参数设置，然后进行拆工具作业。

① 点击触摸屏拆工具作业，点击欲操作工具编号下方白框，输入需要更换的工具编号。

② 长按放入拆工具位 3s，智能机器人自动将需要更换的工具放入拆工具位。

③ 工具更换或修复完毕后，长按放回原位置 3s，智能机器人自动将工具放回原位置。

④ 烧穿器拆卸方法：自动运行取烧穿器到位后，将碳棒、母线电缆拆卸，拆卸后

进入拆卸工具画面，将烧穿器自动拆卸至拆卸工具位置；更换完毕后，自动运行状态下，在拆卸画面内将烧穿器从拆卸工具位放回工具准备位，将母线电缆安装后放回烧穿器即可。

（11）出炉后对出现故障的工具进行校点。

① 先自动抓取需要校点的工具，待智能机器人自动到位后点击停止按钮。

② 点击进入手动操作界面，将各轴手动操作速度改为 $10\sim20r/min$，根据现场指挥人员提示进行微调操作，待 $1\sim5$ 轴位置调整合适后 6 轴伸出至力矩 $70\%\sim80\%$ 为宜，长按工具夹关 3s，观察工具夹关位是否有信号，有信号表示校点成功，点击触摸屏左上角返回。

③ 点击进入示教操作，长按相应的工具位编号 2s，点击确认，保存两次。保存完毕后点击触摸屏左上角返回。

④ 进入手动操作界面，长按工具夹开 3s，待工具夹开位有信号后，6 轴手动缩回至安全位。

（12）出炉过程中如果有热电石渣喷到坦克链轨道或者设备本体时，操作人员在确认安全的情况下第一时间清理干净热电石，防止热电石烧损电缆线或者控制线。

（13）出炉过程中不需要智能机器人参与的时候，必须将智能机器人回到系统零位。智能机器人长时间不进行出炉作业的时候，拍下现场急停按钮并挂牌。

（14）设备检修先进行断电，然后在操作台和现场急停按钮盒上挂上检修牌才可检修。

（15）带钎过程中钎子卡在炉眼时，首先手动打开拉钎模式，再使用大车拉出。如果执行以上操作后还不能拉出则需要割断钎子或者拆开钎子与钎杆连接法兰。

三、智能机器人的安装

1. 智能机器人机械安装

（1）划线，确定智能机器人及移动大车基座安装位置。按照图纸尺寸，保证智能机器人及移动大车基座与周边设备的相对位置关系（注：大车基座与炉眼中心存在 25mm 左偏心）。

（2）将移动大车基座放置到规定位置，将座板焊接在现场预埋钢板上，确保基座前后左右方向保持水平。测量设备为激光水平仪，用激光分别测量钢板，记录每一个钢板的测量数据，保证最大、最小高度差小于 3mm。

（3）将移动大车按相对位置安装于移动大车基座上，确保移动大车前后左右方向保持水平，误差小于 3mm。测量设备为激光水平仪。

（4）将智能机器人吊装到移动大车上，用螺栓将智能机器人底座与移动大车联结固定。注意零点位置，确保机器人的活动范围。安装时不可损伤机器人底部的电缆。

智能机器人工具库安装示意图见图 4-26。

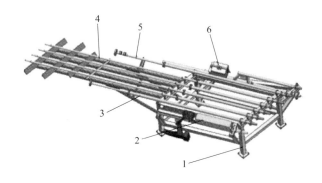

图 4-26　智能机器人工具库安装示意图

1—工具架；2—炉舌清理器；3—拉渣器；4—开眼器；5—风送堵眼器；6—盛渣器

工具库按平立面图摆放就位，确保与机器人相对位置准确，将底板焊接在现场钢制平台上，随后依次吊装各工具就位。

2. 工具库安装

工具库安装见图 4-27。

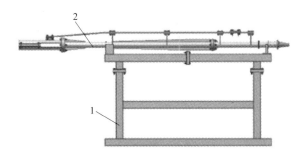

图 4-27　工具库安装

1—烧穿器架；2—烧穿器

烧穿器总成按平立面图摆放就位，确保与机器人相对位置准确，烧穿器抓取不与周围环境设备干涉，将底板焊接在现场钢制平台上，随后吊装烧穿器就位。

四、智能机器人日常维护保养

智能机器人设备能否保持长期高效、稳定地运行，日常的维护、保养是至关重要的。智能机器人设备日常维护需要做到以下几点。

（1）传动的各个链轮应当保持良好的共面性，链条通道应保持畅通。要保证链条顺畅地传递功率并达到预期的使用寿命，必须使用正确的链条张紧度。新链条在初用时容易被拉长，因此在开始使用期间要经常检查链条张紧度，链条张紧后，链条松弛度应该控制在两链轮中心距的 1%～2%，过大的链条张紧度不利于传动部件保持使用寿命。经常保持良好的润滑，使润滑油脂能够很及时、很均匀地分布到链条铰链的间隙中去。尽量不采用黏度较大的重油或润滑脂，因为它们使用一段时间后易与尘土一起堵塞通往铰链摩擦表面的通道（间隙），应定期将滚子链进行清洗去污，并经常检查润滑效果，必要时应拆开检查销轴和套筒，如摩擦表面呈棕色或暗褐色时，一般是供油不足、润滑不良。经常检查链轮轮齿工作表面，如发现磨损过快，及时调整或更换链轮。

（2）要保证齿条顺畅地传递功率并达到预期的使用寿命，必须紧固牢靠，并且定期清除齿条上附着的灰尘及残渣。要求每天至少清扫齿条一次，可以采用压缩空气吹扫的方式（为延长齿条使用寿命，齿条不允许加油）。

（3）气动系统是检查各部位漏气情况、检查气压和过滤器水杯凝水量，目的是尽早发现故障并及时处理。仔细检查各处泄漏情况，紧固松动的螺钉和管接头。观察换向阀的动作是否可靠，根据换向时的声音是否异常，判断铁芯和衔铁配合处是否有杂质。检查铁芯是否有磨损，密封件是否老化，手摸磁头是否过热。检查各调节部分的灵活性，检查指示仪表的正确性，检查电磁阀切换动作的可靠性，检查气缸活塞杆的质量以及一切从外部能够检查的内容。

（4）检查智能机器人压紧轮、Ⅰ～Ⅲ轴减速机连接螺栓是否松动，如有松动现象及时进行紧固。

（5）检查Ⅰ～Ⅲ轴输入齿轮转动是否正常，有无异常噪声，如有异常情况及时进行处理，避免设备损坏。

（6）检查Ⅰ～Ⅲ轴轴承、减速机润滑脂各部位油脂是否足量，油脂是否变色（注：使用专用润滑脂）。

（7）机器人各润滑部位标记　见表 4-12。

⊡ 表 4-12　机器人各润滑部位标记

序号	润滑点	推荐润滑剂	添加方法	添加量	润滑周期
1	Ⅰ轴减速机	MOLYWHITE RENO. 00	高压气动注油器	15000g	3～6 个月
2	Ⅱ轴减速机	MOLYWHITE RENO. 00	高压气动注油器	3400g	3～6 个月
3	Ⅲ轴减速机	MOLYWHITE RENO. 00	高压气动注油器	2800g	3～6 个月
4	大臂和小臂连接处	轴承润滑脂 LGHP2	手动油枪	2/3 容积	6 个月

序号	润滑点	推荐润滑剂	添加方法	添加量	润滑周期
5	拉杆和小臂连接处	轴承润滑脂 LGHP2	手动油枪	2/3 容积	6 个月

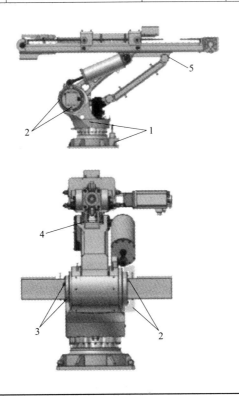

五、智能机器人常见故障及处理方法

智能机器人常见故障及处理方法见表 4-13。

⊡ **表 4-13　智能机器人常见故障及处理方法**

异常情况	现象	原因	处理方法
堵眼器故障	堵眼过程中大炮料渣未喷出	1. 料渣颗粒较大，堵塞料斗出口 2. 电磁阀信号故障 3. 气源压力不足	1. 必须使用破碎粒度合格的电石渣 2. 联系机械手进行仪表检查修复 3. 检查气路阀门是否打开
智能机器人无法动作	1. 电机保护回路故障 2. 电机禁能 3. 伺服故障	智能机器人在抓取工具、带钎作业过程中电机过电压，伺服电机过力矩	先断开钥匙开关，将网线拔出，等待10s后，接通钥匙开关，待触摸屏启动后屏幕显示从站数据丢失，先进行复位，然后插入网线

异常情况	现象	原因	处理方法
安全光电报警	安全光电报警，智能机器人无法动作	1. 安全光电信号线故障 2. 因外界原因导致安全光电对射不成功，信号灯异常 3. 智能机器人在启动状态下，操作工进入智能机器人操作区域，或有物体遮挡信号线	1. 联系智能机器人仪表工检查信号线 2. 联系班长调整安全光电角度，使信号灯显示正常，然后按下现场复位按钮 3. 联系班长确认操作区域无人后现场进行复位
工具夹爪开关位信号异常	工具夹爪开关位信号异常	1. 气源压力不足 2. 工具夹爪信号线故障	1. 通知智能机器人仪表检查气源管有无漏气或气源压力是否正常 2. 通知智能机器人仪表检查信号线接触是否良好、有无破损或断裂，并进行修复
PLC 连接失败	PLC 连接失败	1. 网线接触不良 2. 光纤转换器故障	1. 通知仪表工检查网线 2. 通知仪表工排除故障

第七节　捣炉机器人

一、捣炉机器人工艺简介

捣炉机器人控制系统主要对捣炉机器人的行走、动作、液压系统以及有线、无线操作切换进行控制，并对设备的工作状态报警指示进行监视。捣炉机器人的工艺过程：首先进入行走模式，操作人员使用有线或无线操作器，操作机器人通过向前或向后行走、行走转向或原地转向等方式将机器人行走到指定工作位置。在工作位置进入工作模式，通过俯仰、左右旋转方式调整翻捣机构的位置和角度以便进行翻捣作业。在翻捣过程中通过俯仰、伸缩方式来控制翻捣机构完成对炉内的翻捣。翻捣工作结束后，机器人进入行走模式，离开本次工作位置，准备下一次工作。

二、捣炉机器人的工作原理

捣炉机器人的控制过程包括收缸、行走、支缸、俯仰、转位、捣炉机构伸缩等过程。

系统现场元件位置如图 4-28 所示。

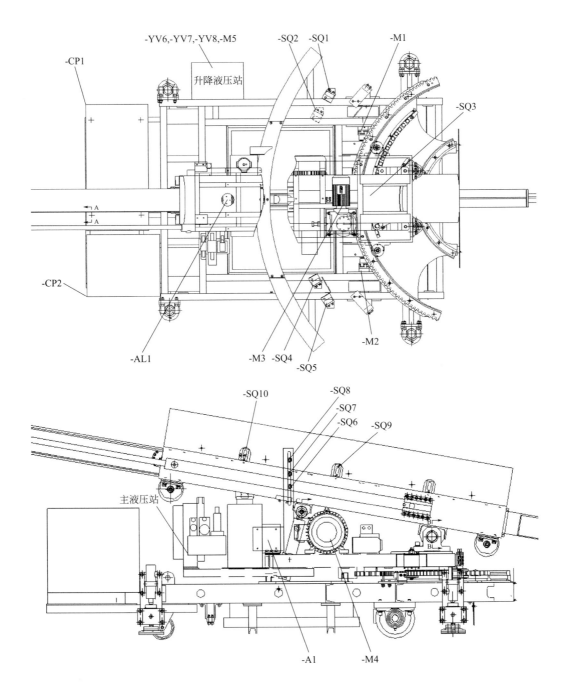

图 4-28 系统现场元件位置

-M1—左行走电机 1.5kW（变频）；-M2—右行走电机 1.5kW（变频）；-M3—转位电机 0.55kW（制动）；-M4—主泵站电机 7.5kW；-M5—升降泵站电机 1.1kW；-SQ1—转位安全（左极限）行程开关；-SQ2—转位检测（左位）电感式；-SQ3—转位检测（中位）电感式；-SQ4—转位检测（右位）电感式；-SQ5—转位安全（右极限）行程开关；-SQ6—仰俯检测（下位）电感式；-SQ7—仰俯检测（中位）电感式；-SQ8—仰俯检测（上位）电感式；-SQ9—伸缩检测（中位）电感式；-SQ10—伸缩检测（后位）电感式；-YV6—升降阀（升）升降液压站；-YV7—升降阀（降）升降液压站；-YV8—升降阀（联动）升降液压站；-A1—接线盒；-CP1—电控箱；-CP2—逆变箱；-AL1—报警灯

三、捣炉机器人的操作要求

设备共设有三个急停开关：柜门红色按钮、有线操作器红色按钮以及无线操作器红色按钮，如遇问题及时急停。

1. 无线操作器控制（默认控制器）操作流程

在使用无线手柄操作前，需将柜门上的控制切换开关置于无线位置，拔出控制柜体红色急停开关。

（1）接通无线手柄　控制柜接通电源后，拔出无线操作器红色急停开关，按操作器右上角 START 按钮，无线接收器红灯亮起，标志接通成功。

（2）行走工作模式转换　通过收支缸按钮控制。

收缸：支腿收回，按键 3（收缸），此时为行走模式。

支缸：支腿支出，按键 4（支缸），此时为工作模式。

（3）行走模式　设备处于收缸时为行走状态。

前进，后退：左摇杆上下控制；

左右：右摇杆左右控制；

行进间旋转：左右摇杆配合使用；

原地旋转：仅使用右摇杆左右控制；

变速：左右摇杆同时向前或向后。

（4）工作模式　设备处于支缸时为工作状态。

俯仰：左摇杆上下控制；

摆动：右摇杆左右控制；

伸缩：右摇杆上下控制；

回零：按键 1 为回零，即捣炉机构缩回，摆动到中位，俯仰回位。

注：1. 回零过程中停止：任意动作皆可停止回零，紧急时也可按急停；2. 解除俯仰中位限制：按键 2 长按直至柜门俯仰中位提示灯熄灭。

2. 有线操作器控制操作流程

在使用有线操作器操作前，需将控制柜门上的控制切换开关置于有线位置，拔出控制柜体上红色急停开关，将有线操作器航插插入控制柜体左侧面中间航插内，拔出无线操作器红色急停开关。

为确保设备安全工作，设有以下限制。

（1）摆动极限位限制　摆动到左右极限位置时自动停止。

（2）俯仰中位限制　在未解除限制之前，俯仰到中位自动停止。

（3）俯仰极限位限制　在解除俯仰中位限制时，俯仰到上下极限位置时自动停止。

（4）收缩限制　伸缩回位设有限位开关，缩到回位自动停止。

（5）收缸限制　只有在伸缩处于回位，俯仰处于下位时可进行自动收缸动作。

第八节　电石炉配料系统

一、设备概述

（1）上料系统由皮带输送机及环形加料机两部分构成，皮带输送机由仓下皮带、长斜皮带、上料皮带三部分组成。皮带带宽 650mm、厚度 5mm。皮带辊筒宽度 850mm，表面有衬胶。仓下皮带及上料皮带的传动由 7.5kW 电动辊筒带动皮带运转，长斜皮带由 30kW 电动机经减速机变速带动皮带运转。

（2）环形加料机由驱动装置、刮料装置两部分组成，当料仓料面降低到一定高度时，料仓上的料位仪会发出缺料信号，这时皮带机运输原料至环形加料机圆盘内，由 7.5kW 电动机经减速机变速带动驱动装置，每个料仓上部设有一套刮料装置，该刮料装置由外侧气缸推动刮板，将原料送入料仓内。

二、皮带输送机操作

（一）开车前的调试

（1）头部输送带跑偏，调整头部传动辊筒，调整好后将轴承座处的螺栓紧固。

（2）尾部输送带跑偏，调整尾部导向辊筒或螺栓拉紧装置，调整好后将轴承座后定位块紧固。

（3）中部输送带跑偏，调整上托辊（对上分支）及下托辊（对下分支），当调整一组托辊仍不足以纠正跑偏时，可连续调整几组，但每组的偏斜角度不宜过大。

（4）局部位置跑偏，用调心托辊自动调整。

（二）开车前的试运转

试运转前应做如下检查。

（1）输送机的安装是否符合安全技术要求。

（2）减速机及电动辊筒内是否按规定加够润滑油。

（3）清扫器、柱式逆止器等部件的安装是否符合要求。

（4）检查皮带跑偏开关及拉线开关是否复位。

（5）点动电动机，观察辊筒转动方向是否正确。

（三）试运转期间注意事项

（1）检查输送机各运转部位有无异常声音。

（2）轴承部位有无异常升温。

（3）辊筒、托辊的运转及紧固情况。

（4）输送带的松紧程度。

（5）电气设备、按钮应灵敏可靠。

（6）电工测空载电流、满载电流。

（四）皮带输送机运行过程中的注意事项

（1）电工确认皮带输送机送电后，将机旁操作改为远程启动。

（2）皮带输送机以空载启动。

（3）皮带称量系统经电振机向皮带输送机送料。

（五）皮带输送机的停机

（1）停机时确认皮带上是否有余料。

（2）待皮带上无料时，由配料工远程按下停机按钮，皮带机停止运转。

（六）安全操作要点

（1）皮带输送机只能输送电石炉原料，严禁输送其他物料。

（2）禁止操作人员触及皮带输送机的传动部分，非电气人员不得随意接触电气元件。

（七）皮带输送机的维护

（1）定期为各润滑点加润滑油。

（2）皮带输送机运转时，经常检查电动辊筒及减速机运行是否平稳，联轴器是否水平。

（3）电机及减速机温升是否过高。

（4）日常检查皮带托辊，对磨损严重的托辊进行更换。

（5）检查跑偏开关及拉绳开关是否正常。

三、环形加料机

环形加料机见图 4-29。

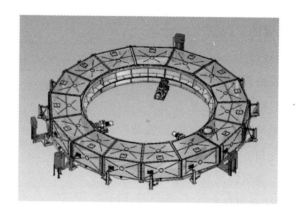

图 4-29　环形加料机

（一）开车前的调试

（1）调整刮板至合适位置（高度距离圆盘2mm）。

（2）检查减速机联轴器是否在水平位置。

（3）查看调节气缸连接软管有无漏气现象。

（4）调节轨道水平度，减速机及轴承箱水平位。

（二）开车前的试运转

（1）整理环形加料机内部及周围的现场杂物，打扫干净。

（2）运转前检查环形加料机各部件是否完好无损。

（3）减速机加CKC100齿轮油，润滑点处加高低温润滑脂7253G。

（4）气缸限位是否安装牢固，运行路线是否有障碍物。

（5）调整刮料挡板与圆盘间隙适当，以保证刮板正常刮料。

（6）气动系统安装后在0.6MPa压力下试验，各连接处不得漏气。

（7）各刮料板伸缩平稳可靠，无异常噪声。

（三）环形加料机的运行

（1）转动查看轨道运行情况，检查轨道与驱动装置有无卡阻和碰撞现象。

（2）每次点动运行一周后，方可连续运行，检查电机温度，以及轨道、圆盘加料机挡板之间有无卡阻、振动等异常情况。

（3）空载运行不小于2h，并对各部件进行观察、检验及调整，为负载运行做好准备。

（4）连续运行2h后再次观察运行情况，电机有无异常，减速机有无异常，减速机温度变化情况（手测即可）。

（5）调试气缸工作情况，检查管路是否漏气，气缸限位是否灵活可靠。

（四）环形加料机的停机

（1）停机时确认环形加料机圆盘内有无余料。

（2）待余料完全流尽后，由配料工远程按下停机按钮方可停机。

（3）出现紧急情况应立即通知配料工远程停机。

（五）安全操作要点

（1）严禁操作人员触及环形加料机传动部位及电器元件。

（2）严禁操作人员将绳索等物品挂靠在环形加料机轨道及驱动装置上。

（六）环形加料机的维护

（1）定期为各润滑点加润滑油。

（2）环形加料机运行时，经常检查运行是否平稳，及是否有异常噪声，是否有堆料现象。

（3）检查电机及减速机温升是否过高。

（4）日常检查刮料挡板活动是否顺畅，与圆盘间隙是否合适。

第九节　智能桥（门）式起重机

一、智能桥（门）式起重机工作原理

1. 概述

（1）桥（门）式起重机主要由机械部分、金属结构部分、电气部分和智能控制部分四大部分组成。

（2）机械部分由主起升机构、副起升机构、小车运行机构和大车运行机构组成。

（3）金属结构部分由桥架和小车架组成。

（4）电气部分由电气设备和电气线路所组成。

（5）智能控制部分由无线信号接收系统和操作控制系统组成。当设备系统正常时，操作台主令操作信号通过无线远程传送至车载控制系统，进而控制相应机构的运行，并且车载的高清摄像头拍摄的实时视频通过无线远程传送至操作台内 PC 客户端，在显示器上实时显示。

2. 工作原理

通过车载设备、无线通信设备、地面操控中心设备以及专业化的软件可实现智能起重操作。地面操作中心对起重机状态实时显示，并对主要信息实时记录归档；地面操作中心可对起重机运行状态、报警和故障状态进行查询分析，便于现场设备操作及降低操作风险。

智能行车操作台见图 4-30，智能行车系统见图 4-31。

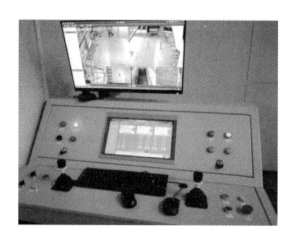

图 4-30　智能行车操作台

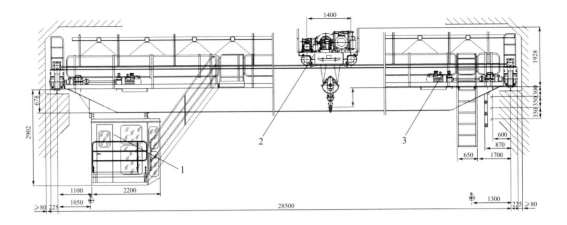

图 4-31　智能行车系统

1—智能行车操作室；2—智能行车小车；3—智能行车大车

3. 主要功能

（1）实现远程操作。

（2）具有自动定位功能。

（3）小车、大车机构变频调速驱动功能。

二、机械设备的日常维护及检查

1. 日常维护

（1）检查钢丝绳有无破股断丝、打结、扭曲，在卷筒上和滑轮中缠绕是否正常，有无脱槽、串槽等现象。对端部的固定连接，平衡滑轮处的安全性作出判断。

（2）检查吊钩是否有裂纹、永久性变形，衬套有无磨损，吊具是否完整可靠。

（3）检查制动器是否灵活可靠。

（4）检查各部件的连接螺栓是否紧固可靠。

（5）各润滑点定期润滑，使之具有良好的润滑状态，消除泄漏现象。

（6）检查减速机、电动机及轴承座的温度、声响等状态。

（7）检查控制器各对触头的接触是否良好，开闭顺序是否符合正常要求。

（8）检查各种安全保护外壳是否可靠，扶梯、平台、栏杆是否牢固。

2. 检查内容

（1）吊钩螺母防松装置。

（2）各制动器闸瓦和销轴的磨损状况。

（3）钢丝绳工作表面的磨损、润滑及压板螺栓紧固状况，润滑时特别注意不易看到的和不易接近的部位，如平衡滑轮处的钢丝绳。

（4）检查各电气设备接线，导电滑块（滑轮）与滑线接触及绝缘子完好。

（5）检查电动机、减速器、角型轴承座等底座的地脚螺栓紧固情况。

（6）检查起重机金属结构件的变形、裂纹、腐蚀、焊缝，以及铆钉、螺栓等的连接情况。

三、试车前的准备

（一）试车前检查

① 检查各传动机构动作是否灵活。

② 检查各润滑点是否加入适量润滑油（脂）。

③ 检查各连接紧固件是否齐全牢固。

④ 制动器的装配，齿轮的啮合是否准确良好。

⑤ 检查钢丝绳在滑轮和卷筒上缠绕是否合乎要求。

⑥ 检查安全防护装置是否完善、灵敏、可靠。

⑦ 检查电路系统和所有电气设备的绝缘电阻。

⑧ 在断开动力线路的情况下，检查操纵线路是否正确，操纵设备的转动部分是否灵活、可靠。

（二）无负荷试车

（1）经过外部检查后，盘车转动起重机各机构，查看是否正常。

（2）检查车轮与轨道面的接触情况，并调到全程接触良好为止。

（3）启动电机，使大、小车在无负荷下转动。检查小车所有传动机构和大车的移动机构，应平稳无杂音。小车改变方向时，联轴器不得有冲击响声。

（4）小车试运起重机构时，应使吊具升降三次；试验小车行走机构时，使小车沿大车轨道全长往返行走转动三次；仔细检查极限开关，大车沿厂房全长往返行走三次，检查大车行走机构。

（5）检查吊具上升限位开关、大小车运行机构的终点行程开关、操纵室紧急开关等各种开关的工作可靠性。

（6）吊钩下降到最低位置时，卷筒上的钢丝绳余量不应少于3.5圈。

（三）静负荷试车

（1）将起重机停靠在厂房有支柱的位置上，逐渐增加负荷做几次起升试验，然后起升额定负荷，在桥架全长上来回运行，完毕后卸去载荷。

（2）将小车停在桥架中部（或悬臂端），起升1.25倍的额定负荷（铸造起重机，应先使抱闸装置松开），离地面约100mm。停留10min，然后卸去负荷，将小车开到跨端或支腿处，检查桥架永久变形。如此反复三次后，测量主梁的上拱皮或悬臂的翘度，通过桥式起重机的上拱度应大于$0.8L/1000$（L 为跨度）。

（3）将小车停在桥架中部（或悬臂端），起升额定负荷，测量挠度，且应符合标准要求。

（四）动负荷试车

（1）在额定负荷下同时启动起升和运行机构，反复运转，累计启动试验时间不应少于 10min。各机构动作应灵敏、平稳、可靠，性能应满足使用要求，限位开关和保护联锁装置应稳定、可靠。

（2）起重机达到上述要求后，再以 1.25 倍的额定负荷试车。

四、安全操作要点

（1）司机（操作工）须经过专门培训，取得起重机"操作合格证"者，方能独立操作。

（2）开车前，应对制动器、吊钩、钢丝绳和安全装置进行检查、润滑，发现不正常时，应在操作前排除。

（3）操作台上电工作正常，进入操作状态后，首先提起"急停按钮"，然后按下"启动按钮"，启动指示灯亮；按下"电铃按钮"10s，车载电铃鸣笛警示。

（4）查看触摸屏上各机构状态指示，有无故障提示，有故障联系相关设备人员，无故障提示，进行下一步操作。

（5）操作主令手柄进行各机构试运行，观察视频画面中各机构运行情况，有异常联系相关设备人员，无异常，进行下一步操作。

（6）上述试车无故障及异常后，依据生产调度进行生产作业。

第五章

电石生产各岗位操作法

第一节　密闭电石炉出炉岗位操作法

一、岗位职责范围

1. 岗位管辖范围

① 负责电石炉工序一楼出炉系统、二楼操作室卫生工作。

② 负责智能机器人、出炉工具、出炉烧穿装置、智能机器人上电装置、炉前轨道、地轮、卷扬机、电石渣破碎机、出炉小车、电石锅及二楼操作台等设备的正常运行及维护工作。

③ 负责出炉操作时炉眼的维护工作。

④ 负责出炉前小车挂牌工作。

2. 岗位职责

① 负责检查摄像头监控画面是否清晰，触摸屏操作界面数据显示及触控是否正常，智能机器人是否运行正常。

② 负责检查出炉工具是否符合出炉条件，智能机器人在抓取工具时出现异常情况，及时与出炉班长联系进行校正，保证电石炉智能机器人能正常运行。

③ 负责炉眼的维护，出炉操作时带钎、看锅、修炉舌、堵眼及出炉完毕后清炉舌等工作。

④ 负责智能机器人故障统计记录的填写工作。

⑤ 负责打扫二楼操作室及智能机器人操作台卫生。

⑥ 负责炉眼下方放置备锅，清扫一楼轨道、智能机器人等工作。

3. 岗位与其他岗位关系说明

① 成品热电石在冷破厂房达到冷却时间（冬季 3h，夏季 3.5h），通知行车工将冷却电石吊运至成品堆放地点。

② 智能机器人出现电器故障报警无法解除时，及时联系仪表工进行检查处理。

③ 当设备出现故障时，通知维修工对故障设备进行修复。

二、主要原材料、辅助材料规格及公用工程规格

（一）主要原材料

主要原材料指标见表 5-1。

⊡ 表 5-1　主要原材料指标　　　　　　　　　　　　　　　　　　　　　　　单位：%

原材料名称	检测项目	控制指标
石灰	有效氧化钙	≥80
	生过烧总和	≤11
焦炭	全水分	≤2.0
	灰分	≤13.0
	挥发分	≤4.0
	固定碳	≥83.0
兰炭	全水分	≤2.0
	灰分	≤8.0
	挥发分	≤8.0
	固定碳	≥84.0

（二）辅助材料规格

辅助材料指标见表 5-2。

⊡ 表 5-2　辅助材料指标

名称	项目	规格
碳棒	直径/mm	108

（三）公用工程规格

公用工程指标见表 5-3。

⊡ 表 5-3　公用工程指标

公用工程	项目	规格
控制电压	电压/V	24
压缩空气	压力/MPa	≥0.4

三、产品及三废规格

1. 产品规格

主要产品指标见表 5-4。

名称	项目	控制指标		
		优级品	一级品	合格品
电石	发气量/（L/kg）	≥300	≥280	≥260

2. 三废规格

（1）出炉时产生的烟气经过炉前布袋除尘后，将除尘积灰输送到指定地点。

（2）对落入轨道周围的电石渣及时清理，可作为铺锅底料。

四、工艺操作

打开炉眼进行出炉操作，出炉完毕后，进行堵眼操作，将热电石拉运至冷破厂房，电石冷却后，使用行车将冷却电石调运至指定摆放点。每班根据负荷出炉，频次6～8炉/班，正常冶炼时间约为40min，出炉时间约为20～30min。

五、开车前的检查准备工作

1. 原料确认

2. 设备状况确认

① 检查智能机器人操作台按钮开关是否正常。

② 检查操作台上各摇杆触点是否灵活。

③ 出炉前必须确认系统气压正常，铜母线和烧穿器绝缘状况良好，烧穿器铜板与夹持头紧固良好，碳棒长度足够烧穿炉眼，出炉工具完好，喷料堵眼器已经装满合格破损的物料，料斗上盖盖好并扣死，所有工具取放顺畅，上电机构开合正常，挡火门已打开。

④ 钢丝绳是否摆放到位，钢丝绳无断股现象，地轮牢固灵活。

⑤ 卷扬机卷筒大齿、小齿无摩擦损害。

⑥ 锅底铺垫约100mm粉末，小车完好，头、尾车钢丝绳已经连接可靠，尾车处于无负荷状态。

⑦ 烧穿器、炉舌、卷扬机、出炉轨道等出炉设备完好，工作正常。

⑧ 检查视频监控画面是否清晰。

3. 仪表确认

① 监控画面信号是否正常。

② 操作界面数据显示是否正常，触控是否灵敏。

③ 各操作按钮、手柄是否正常。

4. 电气确认

① 电控柜总电源开关是否在"ON"状态。

② 电控柜总断路器、交流接触器是否在合闸状态。

六、开车及正常操作步骤

1. 出炉操作步骤

烧穿器维护炉眼操作 → 钢钎开炉眼操作 → 带钎操作 → 扒炉舌操作 → 封堵炉眼操作 → 清炉舌操作。

2. 正常生产过程中岗位的操作控制

参考第四章第六节相关内容。

3. 正常生产过程中岗位的操作方法

① 点击操作台上的启动按钮，（自动/人工）开关向上扳至自动，（取工具/放工具）开关向上扳至取工具位，扭动 1 号工具位旋钮抓取烧穿器到位后，（上电/断电）开关向上扳动上电，点击触摸屏确认进入烧炉眼模式，（自动/人工）开关向下扳至人工，通过控制左使能摇杆（大，小车前进、后退）、右使能摇杆│（上、下、左、右动作）进行烧炉眼。

② 烧炉眼完毕后，退出烧穿器使碳棒离开炉眼外口，（自动/人工）开关向上扳至自动，（上电/断电）开关向下扳动断电，（取工具/放工具）开关向下扳至放工具位，扭动 1 号工具位旋钮放回烧穿器，智能机器人自动系统回零。

③ 带钎操作　（自动/人工）开关向上扳至自动，（取工具/放工具）开关向上扳至取工具，抓取 5～9 号工具钢钎，到位后（自动/人工）开关向下扳至人工，用右使能摇杆调整 1 轴、3 轴位置，找准眼位，然后通过左使能摇杆（使能键控制大车前进、后退，加速键控制 6 轴小车自动伸缩）进行手动带钎作业，或（自动/人工）开关向上扳至自动，点击带钎子按钮进行自动带钎作业。

④ 扒炉舌操作　当出炉过程中炉舌表面电石积存较多，影响热电石正常流出时，利用堵头将炉舌表面电石扒出深沟，使热电石可以顺利流出。

（自动/人工）开关向上扳至自动，（取工具/放工具）开关向上扳至取工具位，抓取 3 号或 4 号位工具，到位后点击修炉舌按钮进行扒炉舌作业。

⑤ 封堵炉眼操作

人工操作：在带钎、扒炉舌过程中出现智能机器人故障时，备好一堆电石渣，由两人配合，一人扔电石渣，一人往里推，配合进行作业，直到电石不流为止，为防止炉眼跑眼，应将电石渣堵实。

智能机器人操作：（自动/人工）开关向上扳至自动，（取工具/放工具）开关向上扳至取工具位，抓取 12 号位工具，到位后点击"屏幕控制"，之后点击"喷料动作"。

⑥ 清炉舌操作　（自动/人工）开关向上扳至自动，（取工具/放工具）开关向上扳至取工具位，抓取 11 号工具钢钎，到位后（自动/人工）开关向下扳至人工，用右使能摇杆调整 1 轴、3 轴位置，找准位置，然后通过左使能摇杆（推一半控制大车前

进，拉一半控制大车后退，推到位控制6轴小车自动伸缩）进行清炉舌作业。

⑦ 取样操作　（自动/人工）开关向上扳至自动，（取工具/放工具）开关向上扳至取工具位，抓取2号位工具，到位后进入屏幕控制，点击"采样动作"按钮进行取样；取样后将2号工具放回工具架上，在智能机器人打样时严禁拉锅操作。

4. 设备开停机操作方法

智能机器人：操作工先确认一楼急停按钮复位，电控柜总开关在开位状态，操作台控制电源钥匙接通，刷新所有视频保证显示正常，与出炉班长沟通智能机器人操作区域无人后，点击启动按钮进行启动，开始正常操作。

卷扬机：在操作过程中，检查其相关设备是否正常，防对拉装置是否正常，启动卷扬机前必须确认离合器处于闭合状态，相对卷扬机离合器处于分离状态。

5. 设备维护保养要求

（1）交接班必须将智能机器人、卷扬机、出炉小车等打扫干净，定期对其进行加油、润滑。

（2）操作智能机器人的操作人员必须经过培训，并熟练掌握操作台上各按钮的位置、功能和操作要求，深入了解各个自动动作的运行轨迹后方可上岗独立操作。

（3）使用烧穿器烧眼必须根据前进和后退及时用左摇杆调整大车和小车速度，并配合右摇杆高速按键，做到快慢有致，达到既能快速烧穿又避免碳棒折断的熟练程度。

（4）烧穿器送电前必须确认智能机器人和烧穿器位置安全，护栏内一切安全，方可按下确认上电的按钮，烧穿器断电必须等烧穿器碳棒离开炉眼，电弧熄灭后才能进行，紧急情况下可随时进行烧穿器断电操作。

（5）必须使用烧穿器把炉眼烧开才能使用带钎子功能，带钎子必须瞄准炉眼，同一根钎子最多只能进行两次带钎子操作。

（6）出炉时勤扒炉舌保持流道顺畅，扒炉舌动作只允许调整上下左右位置，不可调整前后位置，炉舌太厚或太硬时严禁使用自动扒炉舌功能。

（7）堵眼之前必须使用烧穿器或堵头把炉眼外口修整好，堵眼器根据炉眼位置调整上下左右位置，左右对准炉眼正中，上下对准炉眼中上部，然后喷料，物料喷完之后及时停止，不可向炉眼中喷入空气。

（8）堵眼之后视情况用堵头清理炉眼内电石并对炉眼进行夯实。

（9）交接班时必须保证智能机器人本体各轴以及大车运行无异常，智能机器人及其相关区域清理干净，各功能工具状态良好，烧穿器和铜母线绝缘良好，碳棒长度满足烧穿需求，上电机构动作正常。

（10）设备检修必须先断电，拍下设备急停按钮，然后在操作台和现场急停按钮盒上挂牌，方可检修。

七、停车操作

（一）计划停车操作步骤

1. 正常操作步骤

确认工具夹无工具，智能机器人在系统回零状态，点击停止按钮，断开钥匙开关，断开控制柜总电源，放置"有人工作，禁止操作"警示牌。

2. 智能机器人计划检修

（1）在正常生产过程中，除了需要靠近设备进行判断故障的情况下，任何人不得进入智能机器人作业区域。

（2）需要在智能机器人作业区域内进行日常工作时（更换碳棒、更换工具架上出炉工具、打扫卫生），需按下现场急停按钮，在按钮盒上和琴式操作台上分别悬挂"有人工作，禁止合闸"和"有人工作，禁止操作"的标示牌。

（3）在智能机器人活动区域内除了出炉轨道、地轮更换检修不需要断电（拍下急停），其他检修按照《新疆中泰矿冶有限公司电石厂停送电操作管理规定》进行停送电作业。

（二）紧急停车操作步骤

按下现场或操作台急停按钮，放置"有人工作，禁止操作"警示牌。

八、岗位异常情况的判断、造成后果和处置措施

岗位异常情况判断及处理措施见表 4-13 和表 5-5。

▫ 表 5-5　岗位异常情况判断及处理措施

异常情况	现象	原因	处理方法
炉底发红	炉底温度高、发红	1. 电极插入过深 2. 炉底通风道堵塞 3. 炉底砌筑质量不合格	1. 严格控制电极工作端长度，保证合适入炉深度 2. 经常检查炉底通风情况，保证炉底温度不要过高 3. 砌筑炉底质量验收严格
出炉困难	1. 电石流出困难且发黏 2. 电石流出困难且伴有渣子	1. 炉料配比过低，且入炉较浅 2. 炉料配比过高	1. 适当提高炉料配比 2. 适当降低炉料配比 3. 加强出炉
炉眼堵不上	出炉完成后无法封堵炉眼	1. 炉内温度低，电石发气量低 2. 炉眼维护不好	1. 调整配比，提高炉温 2. 按照要求的尺寸维护炉眼

异常情况	现象	原因	处理方法
跑眼	液体电石突然自炉眼流出	1. 炉眼深度过浅,在铁水冲击下跑眼 2. 发气量过低,导致电石变稀,黏结性变差 3. 炉眼维护不好,有凹槽 4. 岗位人员责任心不强,操作技能差 5. 炉内有积存电石	1. 加强炉眼维护 2. 及时调整炉料配比,提高电石质量,稳定料层结构,稳定负荷 3. 加强堵眼技能培训及岗位练兵,提高操作技能水平 4. 每炉按出炉时间节点进行出炉操作,达到投料量与出料量出入平衡
炉眼上方冒火	炉眼上方形成空洞,持续向外冒火	1. 炉眼维护不到位 2. 炉眼上方料面结壳	1. 炉眼封死,重新开炉眼 2. 处理料面时着重处理冒火上方料面
炉眼打不开	利用烧穿器烧不开炉眼	1. 炉内温度低 2. 找错眼位 3. 炉底积存杂物多,炉底升高	1. 调整配比,提高炉温 2. 堵炉眼,找准位置重新开眼 3. 适当上抬炉眼位置,重新开眼

九、安全环保操作要求

1. 生产装置的安全技术参数、安全操作

(1) 操作出炉烧穿器时,要检查其是否牢固可靠,防止连电烧坏铜部件,坠落伤人,在接通和断开电源时,导电碳棒部分不能接触导电部位,以防刺坏铜接触表面,禁止使用绝缘不好的烧穿器。

(2) 出炉操作人员对出炉系统的冷却水路及阀门分布位置要掌握清楚,遇有紧急情况及时关闭处理。

(3) 出炉卷扬机要求专人看管,出炉时无拉锅信号不准开启卷扬机;卷扬机钢丝绳有断股时要及时编结好,在运行过程中不得跨越钢丝绳,以免断开伤人。

(4) 牵引装满液态电石进入冷破厂房途中,应有人实施监护,监护人距热电石锅距离应在5m以上。

(5) 使用炉渣垫锅底要求:

① 电石车间冷破夹吊电石操作人员,在电石起吊后及时进行垫锅底操作,利用电

石锅内余热尽可能将炉渣烘干（发现炉渣含水较大时，利用热电石锅烘烤后再进行使用），防止因炉渣含水量大，造成出炉时电石翻锅现象；

② 电石炉出炉现场人员，在出炉过程中与电石锅保持 5m 以上安全距离，防止电石翻锅，造成人员烫伤。

（6）若遇大量液态电石流在地面时，严禁用水降温。

（7）出炉前要仔细检查智能机器人、出炉小车、轨道、卷扬机钢丝绳等出炉设备工具，有故障要及时排除。

（8）智能机器人在作业过程中严禁操作人员在智能机器人运行区域内走动或有其他作业。

（9）打扫出炉小车轨道卫生时的注意事项：

① 打扫出炉小车轨道卫生时，必须告知班长，由卷扬机操作人员对卷扬机进行挂牌警示，将卷扬机挡位退出，插入安全销，并将卷扬机急停按钮按至停止位置；

② 由打扫卫生人员将钢丝绳从头车取下，方可进行轨道清理；

③ 轨道卫生打扫完毕后将钢丝绳挂好，并通知卷扬机操作人员恢复卷扬机运行；

④ 出炉小车轨道打扫卫生期间，任何人不得以任何理由启动出炉卷扬机。

2. 环保设施

出炉除尘：出炉过程中的粉尘经出炉除尘后外运至指定地点。

第二节　密闭电石炉配电、配料岗位操作法

一、岗位职责范围

1. 岗位管辖范围

① 负责电石炉停送电操作、电极电流的调节和电石炉负荷的升降。

② 负责电极升降和压放的操作。

③ 负责监视并控制电石炉工艺参数及室内的各类仪表的指示情况，保证工艺指标和人员设备安全，遇到特殊情况有权紧急停电。

④ 负责在中控室配合巡检人员监视电石炉各设备的运行情况和工艺指标的运行情况，并作好记录。

⑤ 负责填写各项记录和当班产量、消耗的统计。

⑥ 负责电石炉巡检人员工作的监督。

⑦ 将本台电石炉的运行情况及相关数据及时向上级汇报。

⑧ 负责打扫区域内卫生。

⑨ 当出现电流波动、入炉过深、过浅等情况，及时通知班长调整出炉。

⑩ 按照炉料配比，根据料仓料位进行加料。

2. 岗位职责

① 对电石炉各仪表数据进行监控，并按时做好记录。

② 按要求进行电极压放操作，平衡控制三相电极电流，调控炉膛压力在工艺指标范围内，确保电石炉稳定、高效地生产。

③ 根据测量角度，计算电极长度。

④ 将配好的炉料输送到各料仓，根据料仓料位显示数据，及时与巡检工沟通，观察实际料仓料位，满足电石炉生产用料。

⑤ 配合校称人员对称量系统进行校验。

⑥ 做好物料消耗情况的原始记录。

⑦ 监督并配合相关人员做好巡检工作。

3. 岗位与其他岗位关系说明

① 开停车时，及时联系值班调度和高压开关站进行停送电操作。

② 与净化岗位密切配合，确保炉压在指标控制范围。

③ 各项工艺指标超标后，联系相关人员及时调整。

④ 各类仪表数据不正常时，及时通知相关人员检查处理。

⑤ 出现异常情况及时汇报直接领导和当班调度。

⑥ 在车间值班长以上人员的指令下，调整炉料配比。

⑦ 负责及时联系原料车间，保证原料的供应。

二、主要原材料及公用工程

1. 主要原材料规格

参考表 5-1。

2. 公用工程规格

公用工程指标见表 5-6。

⊡ 表 5-6 公用工程指标

公用工程	项目	规格
工艺电	电压/kV	110
控制电压	电压/V	24
压缩空气	压力/MPa	≥0.4
循环水	压力/MPa	0.3~0.4
氮气	压力/MPa	≥0.4

三、产品及三废规格

1. 产品规格

参考表 5-4。

2. 三废规格

上料过程中生产的灰尘（主要包含石灰和炭材粉末）。

四、工艺操作

按照设定要求配好的炉料通过输料皮带、环形加料机，在刮板作用下分布到 12 个环形料仓内，原材料靠自重进入炉膛内，利用电阻热冶炼成液体电石，由出炉岗位进行出炉操作，液体电石流入电石锅内，在出炉完毕封堵炉眼后，将满锅电石拉入冷破厂房，行车工根据冷却时间将电石吊运至电石摆放点，在电石冷却后，由行车工对成品电石进行装车。

五、开车前的检查准备工作

（1）检查循环水系统压力、温度、回水情况是否正常；各循环水阀门开度是否按要求打开。

（2）检查炉盖上所有侧门、钎测孔、防爆孔密封是否合格。

（3）检查电极加热风机运行是否正常。

（4）检查电石炉各料仓料位是否在指标范围之内。

（5）检查压缩空气储罐压力是否在指标范围内。

（6）通知在场的所有人员离开操作区，进入安全区。

（7）检查各仪表显示正常、中控机工作正常、界面切换正常、鼠标操作灵敏，检查急停开关是否复位。

（8）根据电极长度情况，提升电极。

（9）料仓料位不得低于 2.8m。

六、开车及正常操作步骤

1. 开车步骤

（1）属地车间工艺员联系调度通知机修、电仪车间填写检修转生产交接单并确认送电条件，中控工联系调度和开关站准备送电。

（2）巡检工打开炉门，中控工通知净化工投净化。

（3）中控工通知各楼层人员撤离现场。

（4）电石炉电极位置提升至 1100mm 以上，防止送电后电流过高，造成开关站跳闸。

（5）向调度和开关站申请确认送电。

（6）送电后做好相关记录。

2. 正常生产过程中岗位的操作控制

（1）送电后将低压补偿切换到自动运行。

（2）电极烧结正常情况下，可按照每分钟 2～3 挡升挡。

（3）电极烧结情况不好时，按照车间生产指挥人员要求，延长升挡时间。

（4）紧急降挡可按照 5s 每挡进行操作。

（5）在任何操作中，变压器挡位相差不能超过 2 挡。

（6）根据当前负荷实际运行值，作为自动操作的设定值，投入自动运行，选择电流或电阻运行。

（7）电极入炉理想值为电极直径±50mm 范围。

（8）钎测电极前活动电极上下各 150mm，处理料前活动电极上下各 200mm。

（9）电极电流异常上升时（突然上升 5kA 以上），禁止提升该相电极，使用降低挡位的方式降低电流。

（10）30MV·A 电石炉单相电极压放量超过 240mm，40.5MV·A 电石炉单相电极连续三个班次压放量超过 280mm 的，车间出具管控方案，在原有的生产负荷基础上降低电石炉功率 3000kW。

（11）电石炉发生大塌料或炉压短时间急剧上升时，若无明显下降趋势，中控工及时打开荒气烟道蝶阀进行泄压，泄压后及时关闭荒气烟道阀门，并及时向当班调度说明原因。

（12）每班必须保证 2 次验称工作，前后间隔 4h 以上，通知中控工做好配合工作。

（13）各电石炉配比变更间隔时间 8h 以上。

3. 设备切换操作方法

（1）30MV·A 密闭炉型投切

① 当电石炉负荷提升至 12000kW 时，投低压补偿；当电石炉负荷降至 12000kW 以下时，退低压补偿。

② 当电石炉负荷提升至 12000kW 时，投中压补偿一组 1200kV·A 电容，保证功率因数在 0.90 以上。

③ 当负荷升至要求最高负荷时，视功率因数及低补投入情况考虑是否增投中压补偿。

④ 降负荷过程中，当负荷降至 20000kW 时退出一组中压补偿，当负荷降低为 12000kW 时退出全部中压补偿，低压补偿全部切除并停止运行。

（2）40.5MV·A 密闭炉型投切

低压补偿随电石炉负荷及功率因数情况自动调整，无需进行手动干涉，应做好功率因数与投切数量的监控。

七、停车操作

1. 计划停车操作步骤

（1）向调度和开关站申请停电。

（2）通知净化工切气。

（3）当电石炉挡位降至最低挡时，通知净化工调整净化风机频率对炉膛压力进行调节，确保炉门关闭状态下炉膛压力为最大负压。

（4）将挡位降至最低挡后，通知二楼人员撤离现场，调整电流为 45kA。

（5）点击"分闸"图标完成停电。

（6）停电后先活动电极，关闭加热元件，10min 后关闭加热风机，20m 后方可打开荒气烟道，退出净化；按照每 2h 活动一次电极的原则进行活动电极操作，停电 6h 后禁止活动电极。

2. 紧急停电

发生以下情况时必须立即按动急停按钮进行紧急停电。

（1）二楼有明显的电弧声或大量冒黄烟。

（2）四楼电极筒内大量冒黑烟。

（3）短网等导电系统有严重的放电打火现象或发生短路。

（4）电石炉出现大塌料，危及人身安全。

（5）液压系统泄压严重，大量漏油，设备出现严重故障，危及安全生产。

（6）炉压瞬间升高，无法正常泄压。

（7）循环水断水。

（8）发现火灾事故。

（9）电气系统有严重故障。

（10）炉壁或炉底严重烧穿。

（11）炉内设备大量漏水或氢含量 18% 以上。

（12）电石炉出现三台工控机同时蓝屏。

（13）动力电跳停。

八、日常操作方法

（一）正常处理料面步骤

1. 情况一：投净化处理料面步骤

（1）中控工向调度和开关站申请处理料面。

（2）中控工得到同意后联系净化工切气。

（3）净化工切气后电石炉开始降挡。

（4）当电石炉挡位降至最低挡，中控工通知巡检工将二楼人员撤离后，开始活动电极。

（5）值班长联系净化工提升风机频率至 15Hz 以上，保证炉压为最大负压。

（6）中控工通知巡检工由一人穿戴好劳动防护用品，站在炉门侧后方尝试打开离净气烟道最远的炉门 10cm 并停留 5s，炉门不冒火方可全开炉门。

（7）由值班长及以上管理人员操作捣炉机对所有炉门进行彻底翻撬，处理净气烟道下方炉门前，值班长联系净化工提升风机频率至 20Hz 以上，全开炉门确认不冒火方可进行处理。

（8）料面翻撬完毕后，值班长联系净化工将风机频率恢复至 15Hz，由 1～2 人上炉盖板通过检查防爆孔对炉内设备进行检查。

（9）处理料面过程中，根据炉压，联系净化工适当提升风机频率。

（10）料面处理完毕后，中控工通知净化工调整风机频率，联系调度、开关站升挡。

2. 情况二：退净化处理料面

（1）中控工向调度和开关站申请处理料面。

（2）得到同意后，中控工联系净化工切气。

（3）净化工切气后电石炉开始降挡。

（4）当电石炉挡位降至 4 挡以下时，中控工通知净化工退出净化系统并打开荒气烟道蝶阀（反馈开度 100%，炉压为最大负压）。

（5）当电石炉挡位降至最低挡时，中控工通知巡检工将二楼人员撤离后，开始活动电极。

（6）电极活动完后，中控工通知开炉门，由一人穿戴好劳动防护用品，先开离荒气烟道最远的炉门进行处理，在每次开炉门时先将炉门拉开 10cm 后停留 5s 再全开。

（7）由值班长及以上管理人员操作捣炉机对所有炉门进行彻底翻撬。

（8）料面处理完后关闭炉门，由 1～2 人通过检查防爆孔对炉内设备进行检查。

（9）检查完毕后，打开离烟道最远的炉门，中控工联系净化工投净化。

（10）中控工通知巡检工关闭炉门，关闭荒气烟道蝶阀并联系调度、开关站升挡。

（二）电石炉开启炉门方法

1. 情况一：电石炉炉气中氢气含量＜12%时开炉门操作

（1）电石炉降至 1 挡后，净化直排烟道蝶阀全开，净化工调整风机频率，使炉压显示最大负压值并无波动。

（2）由中控工活动三相电极，活动范围为上下各 200mm。

（3）由车间工艺技术员及以上管理人员对开炉门人员进行安全交底。

（4）打开炉门前必须保证炉压显示最大负压值并无波动，由一人站在炉门侧后方尝试打开离净气烟道最远的炉门 10cm 并停留 5s，炉门不冒火方可全开炉门。

（5）炉门全开前必须保证电石炉二楼人员已全部撤离，开炉门操作保证电石炉二楼作业人员为一人。

2. 情况二：电石炉炉气中氢气含量≥12％时开炉门操作

（1）电石炉联锁停电（禁止活动电极）。

（2）由净化工退净化，由中控工将荒气烟道蝶阀全开，保证炉内负压最大值并无波动。

（3）漏水点未确认前，由电石炉二楼巡检工负责关闭所有循环水红色供水阀门（接触元件、护屏、底环、密封套、炉盖），车间管理人员通知二楼所有人员立即撤离至安全区域。

（4）打开炉门前必须保证炉压显示最大负压值 5min 并无波动，由一人站在炉门侧后方尝试打开离净气烟道最远的炉门 10cm 并停留 5s，炉门不冒火方可全开炉门，对泄漏点进行排查。

（5）检查、确认漏水点后对泄漏部位循环水进行关闭，全部炉门、防暴孔检查确认无漏水点后方可进行下一步作业。

九、岗位异常情况的判断和处理

岗位异常判断和处理见表 5-7。

▫ **表 5-7　岗位异常判断和处理**

异常情况	出现的现象	产生的原因	处理方法
电极下滑	1. 电极不受控制下降 2. 电流突然上升	1. 电磁阀故障 2. 液压泵故障	1. 降负荷 2. 通知液压工转换备用泵 3. 若电极仍然下滑，停电处理
电极入炉不够	电极入炉深度较浅，达不到指标要求	1. 炉底炉温偏低 2. 炉料配比偏高 3. 炉料比电阻偏小	1. 适当降低负荷 2. 降低炉料配比 3. 加强出炉
炉气中氢气含量超标	1. 氢氧分析仪显示炉气中氢气含量超出指标值 2. 电石炉频繁塌料 3. 炉内漏水	1. 炉内设备漏水 2. 入炉原料水分超标	1. 检查氢氧分析仪 2. 对炉内通水设备进行检查 3. 控制炭材入炉水分

异常情况	出现的现象	产生的原因	处理方法
电极软断	1. 电流突然上升 2. 炉盖温度增高 3. 电极筒大量冒黑烟	1. 电极糊的质量差，挥发分高、软化点高 2. 电极自动下滑或过量下放电极 3. 电极糊块大，添加无规律，蓬糊 4. 电极筒焊接质量差	1. 判断为电极软断时电流上升不要提电极 2. 立即停电迅速下降电极，使断头相接后压实炉料，减少电极糊外流 3. 扒掉外流的电极糊，进行单相焙烧 4. 电极糊应填入电极筒内的高度达到夹紧装置顶部以上（2000mm） 5. 降至最低挡，软断相电极不动，利用另两相电极控制该项电极焙烧
大塌料	电石炉炉压瞬间升高至上限冲开防爆孔，二楼大量烟雾	1. 料面结壳，透气性差 2. 电石出入不平衡	1. 紧急停电，立即全开荒气烟道并退出净化 2. 二楼所有人员迅速撤离至安全区域 3. 如正在出炉暂时封堵炉眼，停止出炉
主控电脑黑屏	操作电脑卡屏或直接黑屏	1. 电脑程序、线路故障 2. 电脑电源线等松动	1. 立即使用备用电脑操作 2. 联系仪表工进行处理 3. 若短时间无法恢复正常使用，立即进行停电处理
荒气烟道开关不灵活或无法开关	1. 荒气烟道无法远程操作 2. 荒气烟道现场开关不灵活	1. 气源压力不够 2. 电磁阀故障 3. 阀瓣积灰卡涩	1. 立即联系巡检工现场操作 2. 联系仪表工检查 3. 若现场无法操作立即降挡，联系维修工及仪表工检查处理
电极硬断	1. 电流突然下降后回升 2. 炉盖温度突然上升 3. 电石炉产生的电弧声异常 4. 电流突然下降，或暂时上升后急剧下降	1. 电极糊保管不当，灰分量高、黏结性差 2. 停炉时电极长期外露 3. 接触元件以上的电极糊过热，固体物沉淀，造成电极分层 4. 电极糊质量差 5. 电极过长，电流过大	1. 立即停电，停电前严禁下降电极 2. 根据电极长度适当下放电极后重新焙烧

异常情况	出现的现象	产生的原因	处理方法
炉膛内大量漏水	1. 炉气中氢气含量上升，超过指标值 2. 电石炉频繁塌料	1. 翻电石造成炉膛内通水设备损坏 2. 大塌料造成炉膛内通水设备损坏 3. 通水设备老化	1. 立即停电检查 2. 在未明确漏水点前严禁活动电极
电极压放困难	压放电极时电极压不下	1. 电极筒筋板卷铁皮 2. 电极筒对接质量不合格，漏糊导致底环与电极粘接 3. 压放装置故障	1. 联系液压工检查排除故障 2. 若检查液压系统正常，停电检查炉内情况
料仓闪爆	料仓内料位偏低，发生闪爆	1. 料仓料位低 2. 没有及时添加原料	1. 立即紧急停电 2. 现场人员立即撤离至安全区域 3. 及时对料仓原料进行添加
电流波动大	封堵炉眼后电石炉电极电流出现大范围波动，不稳定	1. 出炉不及时，出炉量不够，电石炉温度不够 2. 电石炉配比过高 3. 出炉量不够	1. 加强出炉 2. 及时提高配比 3. 及时降配比，同时加强出炉
电极消耗快	电极压放量跟不上消耗量	1. 配比低，炉温不够 2. 原材料固定碳含量偏低 3. 电极钎测误差大	1. 适当提高炉料配比 2. 安排专人跟踪电极钎测情况，确保电极长度测量准确
料管堵塞	料仓料位超过 1h 未下料	1. 原料颗粒较大 2. 原料中有杂物	1. 电石炉降至 1 挡，用圆钢敲击 2. 停电处理

十、安全注意事项

（1）停电后，中控工应坚守岗位，不得空岗，防止非操作人员入内误操作。

（2）严格遵守交接班制度，了解并掌握仪表运行情况。

（3）电石炉出现波动时，禁止自动操作；出现塌料立即将自动操作切换到手动操作。

（4）焙烧电极禁止自动操作。

（5）当电极升降油压泵发生故障或压放量异常时，立即通知液压操作人员维修处理并用备用泵工作。

（6）电石炉带电，活动电极先上后下，停电后先下后上。

（7）在处理料面过程中，禁止人员正对炉门站立，如炉门冒火，应立即停止处理料面，适当提升净化风机频率，待炉压显示最大负压值且炉门无冒火现象时方可处理。

第三节　密闭电石炉巡检岗位操作法

一、岗位职责范围

1. 岗位管辖范围

（1）负责对电石炉所有设备的巡视检查。具体包括电石炉炉盖、三相电极把持器、水路系统、短网、上料系统、压放系统等。

（2）负责检查液压系统及电极压放量的测定工作；负责电极糊柱的高度测量，电石炉电极糊的添加工作。

（3）负责电石炉料仓料位的监控，保证不淤料、不缺料，并负责对电石炉各楼层环境卫生的清理工作。

（4）负责对电极筒焊接质量的验收工作。

2. 岗位职责

（1）观察电石炉运行过程中各运行设备有无连电打火现象，绝缘是否良好。

（2）检查电石炉各通水设备循环水温度和流量、压力是否在指标范围内。

（3）对电石炉三相电极进行钎测，确保钎测数据的准确性，并做好相关数据记录。

（4）检查电石炉所有料仓的料位情况，时刻关注炉料输送情况，称量系统的运行情况。在异常现象时应立即停止上料，查明原因，处理完毕后上料。

（5）按时测量糊柱高度，确保电极糊柱高度在指标范围之内，并做好测量记录。

（6）按时对称量系统做好验称工作，验称误差≥2kg时，及时联系电仪人员处理。

3. 岗位与其他岗位关系说明

（1）对出现的异常现象，如设备漏水、设备连电打火等，及时报告值班长，为异常情况处理提供准确信息。

（2）在设备发生故障或异常情况时，及时通知值班长，由值班长负责通知相关人员到现场处理解决。

（3）及时将测量糊柱高度通知当班班长、中控工，在糊柱下降情况异常时，及时上报当班班长或值班长。

（4）在电极糊或电石炉电极筒需要补充时，及时通知值班长联系维修人员及叉车司机到现场进行对接或补充电极糊。

二、主要原材料、辅助材料规格及公用工程规格

1. 原材料规格

原材料规格见表 5-8。

⊡ **表 5-8　原材料规格**

原材料名称	检测项目	控制指标
电极糊	水分/%	<1.0
	灰分/%	≤6.0
	挥发分/%	10.5~15.5

2. 公用工程规格

公用工程规格见表 5-9。

⊡ **表 5-9　公用工程规格**

公用工程	项目	规格
循环水	压力/MPa	0.25~0.40
控制电压	电压/V	220
压缩空气	压力/MPa	≥0.4

三、工艺操作

电石生产：原料至栈桥皮带输送至电石炉大料仓，再经过称量系统，按设定好的原料配比进行配料。配料完毕后，原料经由电石炉输送皮带、环形加料机下至各个电石炉料仓，原料在三相电极周围经过炉内高温冶炼成液体电石，由出炉岗位进行出炉操作，液体电石流入电石锅内，在出炉完毕封堵炉眼后，将满锅电石拉入冷破厂房指定地点冷却，并根据电石冷却时间行车工将热电石块吊运至电石堆摆放点进行冷却，在电石冷却至 70℃ 以下时，由行车工对成品电石进行装车操作。

压放电极操作：巡检人员到电极压放平台时，联系中控工进行压放电极操作，现场巡检人员按压放夹钳的工作顺序对电极压放情况进行检查，并最终确认电极压放刻度及电极压放是否正常。现场巡检人员将压放刻度告知中控工，按实际压放量做好压放记录。

四、开车前的检查准备工作

（1）各循环水阀门开度是否按要求打开；检查循环水系统压力、温度、回水情况是否正常。

（2）检查炉盖上所有侧门、钎测孔、防爆孔密封是否合格。

（3）检查电极加热风机运行是否正常。

（4）检查电石炉各料仓料位是否达到要求高度范围之内。

（5）检查压缩空气储罐压力是否在指标范围内。

（6）通知在场的所有人员离开操作区，进入安全区。

五、开车及正常操作步骤

1. 正常生产过程中岗位的操作控制

（1）电极工作端长度测量具体操作方法

打开测量孔，用钢钎插入炉内，当感觉触到硬物时，拉回钢钎并向下倾斜再次插入。如此反复，当发现没有接触物碰撞时，钢钎向上稍提1°，当发现前后两次角度小于1°时，测量第二次所测角度 R，在对照表内找到相应的对应值。可根据电极位置确定大概角度，这样可以减少钢钎的消耗，不易烧红，要将硬壳与电极端头区分开，电极工作端长度＝角度对应值＋电极位置。确认完角度后必须旋转钢钎，确认角度是否存在偏差，如因钢钎旋转角度发生变化，必须更换合格钢钎，重新测量。

（2）测量要求

① 正常生产中每班至少测量一次电极工作端长度，测量电极工作端长度前活动电极，电石炉炉压设定至 $-50 \sim -20Pa$。

② 电石炉钎测电极工作由巡检工和值班长共同配合完成。

③ 本班测量的电极长度与上班的压放量及电极长度进行对比，两次测量角度 R 大于等于2°时，通知车间工艺员或值班人员重新测量电极长度。

④ 每班电极长度、压放量及电极消耗纳入交接班管理。

⑤ 测量电极必须由值班长进行监控，并且由值班长根据电极长度对后续压放进行要求。

⑥ 车间技术人员每周必须测量一次电极长度，并在原始记录中留痕。

⑦ 当班调度对电极测量情况进行监督检查。

2. 电极糊柱高度测量方法

（1）使用红外线测距仪照射电极筒内，直到红外线照射至电极糊面，确认红外线测距仪垂直照射。

（2）按下红外线测距仪"确定"键，测得电极筒内电极糊面至电极筒上沿距离"L"。

（3）将测距仪放置在电极筒上沿，对地面垂直测量，按下红外线测距仪"确定"键，测得电极筒上沿至地面的距离"h"。

（4）与中控工联系得知该相电极的实时电极位置"d"。

（5）将上述数据带入糊柱高度计算公式：

$$H = 加糊平台到底环的距离 - d + h - L$$

计算得出电极糊柱高度，并通知中控工进行记录。

（6）如测距仪故障、损坏或有特殊要求时，可使用测量绳进行糊柱高度测量，操作方法同上。

（7）在测量糊柱高度时，必须对电极筒内糊面测量 3 个点，测量完毕后，取最低点的值，作为计算糊柱高度的数据。

3. 开车程序

（1）联系中控工打开直排烟道蝶阀，并检查、确认荒气烟道开度全开。

（2）接到中控工送电通知，确认电石炉二楼平台无人员作业后回复中控工确认送电。

（3）在中控工将所有准备工作做完后（电石炉将电极位置提升至 1100mm 以上，挡位 1 挡），通知值班长，联系当班调度进行确认，然后中控工通知高压确认送电。

4. 巡检标准

（1）检查循环水的温度、压力是否在指标范围之内，以及循环水流量的大小情况。

（2）检查液压系统运行是否正常。

（3）检查上料系统运行是否正常。

（4）每班按时钎测电极工作长度，工作端应保持在底环以下，每 8 小时测量一次电极工作端长度。测量电极工作端长度 X＝角度对应值＋电极位置。

（5）每 2 小时测量三相电极糊柱高度，保持电极糊柱高度控制在工艺指标范围内，在加糊作业时，环形加料机禁止运行。

（6）检查电石炉所有料仓的料位情况，时刻关注炉料输送情况、称量系统的运行情况，在异常现象时应立即停止上料，查明原因，处理完毕后上料。

（7）电石炉上料时操作人员应时刻关注上料过程，出现炉料比例不均匀时，及时通知值班长进行检查，查出异常原因。

（8）每班接班后在电极筒上做好 300mm 的刻度位置，在压放电极时，检查压放夹钳是否正常工作，压放完毕后检查电极情况，并将压放刻度通知中控工，下班前必须与中控工核对当班压放总量，如出现较大偏差或电极压放异常必须及时通知值班长及工艺员。

（9）巡检工在各楼层巡检作业时，必须由两人进行一前一后巡检，前后间隔 2m，巡检工携带好便携式 CO 检测仪。

（10）每班必须保证 2 次验称工作，前后间隔 4h 以上，通知中控工做好配合工作。

（11）在电石炉设备出现异常情况时，必须在《四方联检》做好巡检记录。

六、设备切换

1. 荒气烟道蝶阀操作（手动操作）

若出现炉压过大、过小，远程无法及时调整时，与中控工联系进行手动操作。操作步骤如下。

（1）旋出定位栓，拉起蜗杆。

（2）关闭进气阀，打开蝶阀阀体排气阀。

（3）扳动手轮实现手动操作（左开右关）。

2. 荒气烟道蝶阀操作（自动操作）

手动操作或设备检修调试结束后，切换为远程自动模式，操作步骤如下。

（1）按倒蜗杆，旋紧定位栓，出现卡蜗杆可先活动手轮。

（2）关闭阀体排气阀，打开进气阀。

（3）实现自动/远程操作。

七、停车操作

1. 计划停车操作步骤

（1）通知净化工停气并做好退净化准备。

（2）向调度和开关站申请停电。

（3）当电石炉挡位降至最低挡位时，通知净化工退出净化系统。

（4）打开荒气烟道蝶阀，将炉气直接排空。

（5）将挡位降至最低挡，电极电流低于 45kA 后，点击"分闸"按钮停电。

（6）停电后先活动电极，关闭加热元件，10min 后关闭加热风机；按照每 2 小时活动一次电极的原则进行活动电极操作，停电 6h 后禁止活动电极。

2. 紧急停车操作

中控工直接按下电石炉急停按钮，全开荒气烟道蝶阀，联系净化工紧急切气退出净化系统。

八、日常操作步骤

详见配电工岗位操作法。

九、岗位异常情况的判断和处理

岗位异常判断和处理见表 5-10。

异常情况	出现的现象	产生的原因	处理方法
单个循环水管线回水小	循环水管线回水量较少，且温度较高	1. 水路堵塞 2. 水路漏水	1. 疏通管线 2. 降负荷检查，找出漏水点，停电检修
循环水断水	1. 循环水供水无压力 2. 水分配器各管路无回水	1. 动力电跳停 2. 供水泵全部跳停	立即停电进行检查
翻电石	1. 防爆孔粘有电石、设备连电打火现象严重 2. 电流波动大，伴随氢气含量超标 3. 炉盖温度、空冷前温度上升	1. 炉内电石未及时排出 2. 炉料配比偏低	1. 加强出炉 2. 提高炉料配比
接触元件跳槽	1. 接触元件回水温度较其他电极相同部位温差超过 5℃ 2. 电极护屏处大量冒黄烟	1. 电极筒对接质量不合格 2. 电极过烧 3. 接触元件变形	1. 停电检查 2. 适当下放电极重新焙烧
液压系统着火	液压系统发生火灾	液压站油泥清理不及时，绝缘不良导致设备打火	1. 紧急停电 2. 关闭液压站油管阀门，切断油路，使用消防沙或干粉灭火器进行扑救
蓬糊	电极糊柱高度突然下降，或糊面中间出现空洞	1. 电极上部温度偏低，电极糊难以融化下落，造成糊柱出现分层现象 2. 电极局部温度较高，局部下落较快，糊面高度出现偏差 3. 电极糊管理不好，表面有积灰或电极糊里面混有杂物 4. 电极糊质量出现问题 5. 电极糊粒度不合适，大小不均匀	1. 定期检查电极加热器运行情况，保证可以长期稳定运行 2. 加强现场电极糊的管理工作，对粒度相差较大的电极糊进行分类处理 3. 对入厂电极糊进行取样分析，不合格品退货处理
电极筒内出现液态糊	电极筒内冒白烟，电极筒周围出现刺鼻的焦油味	1. 糊柱低 2. 蓬糊 3. 加热元件温度高 4. 电极较干	1. 控制糊柱高度在工艺指标范围 2. 降低加热元件 3. 加大压放量

十、安全注意事项

（1）操作人员上岗前必须穿戴齐全劳动防护用品并佩戴便携式 CO 检测仪。

（2）操作人员进行料面处理时要注意预防喷料伤人，巡视时要离开炉盖周围 5m 以外。

（3）加强对电石炉运行状态的检查和巡视。

（4）电石是易燃、易爆、易着火的危险物品，一旦发生火灾，应及时扑救，电石着火时用干沙子和 CO_2 灭火器扑救，禁止用水扑救，一般着火用泡沫灭火器扑救。

（5）测量电极工作端时不要正对测量口，防止炉内喷料或炉气伤人，测量之前要戴好劳动防护用品。

（6）设备出现故障时，中控无法远程启动时，征得中控工同意，巡检人员及时切换至手动状态进行现场操作。

（7）电极糊受热后挥发出有毒气体，要严格按照相关规定正确穿戴劳保防护用品。

（8）在吊运电极糊时，吊装口下禁止人员通行。

（9）加糊作业时禁止同时接触两相电极筒，防止发生触电事故。

（10）在进行投净化操作时，必须打开离荒气烟道最远的炉门。

（11）处理料面前必须检查、确认劳保用品穿戴齐全。

（12）如处理料面过程中空冷前温度≥550℃、空冷后温度≥350℃时应立即停止处理料面，待空冷前温度＜550℃、空冷后温度＜350℃后方可开始处理。

（13）处理料面过程中如炉门冒火，应立即停止处理料面，适当增加净化风机频率，待炉门停止冒火后方可开始处理。

（14）处理料面过程中人员应站在炉门侧面，禁止正对炉门，避免炉压波动过大造成人员烫伤。

（15）处理料面过程中如出现塌料情况时，应立即停止处理料面，全开荒气烟道进行泄压，待炉压稳定后方可开始处理。

第四节　密闭电石炉净化岗位操作法

一、岗位职责范围

1. 岗位管辖范围

① 负责启动、停止炉气净化系统。

② 负责净化除尘设备的运行和维护保养。

③ 负责整个炉气净化系统设备的维护保养。

④ 负责停送气过程相关设备的切换操作。

⑤ 负责气力输送系统的操作。

2. 岗位职责

① 负责电石炉净化系统的开停车操作。

② 负责电石炉净化系统运行情况的监控调整。

③ 负责电石炉炉压与炉气输送管道压力的平衡。

④ 负责净化系统、电石炉附属除尘系统的巡检。

⑤ 负责岗位异常情况排除及检维修工作的监护。

⑥ 负责气力输送系统的监控与调整。

3. 岗位与其他岗位关系说明

（1）压缩空气和氮气压力超出指标范围时，通知动力车间进行调整。

（2）系统出现异常情况影响装置正常安全运行时，及时通知相关负责人和调度。

（3）当净化系统无法及时泄压时，及时通知中控工打开荒气烟道。

（4）净化、除尘系统出现故障后及时联系维修人员进行处理。

（5）当气力输灰无法正常运行时通知调度，调度协调废料运输人员及时进行外排。

（6）当炉气组分含量发生较大波动时，与分析人员联系做好炉气成分的检验对比。

（7）与石灰窑或气柜操作人员沟通，及时调整蝶阀开度，做好气柜柜位高度的控制工作。

二、产品及三废处理

（1）电石炉出来的废气经过净化系统进行固气分离后，将干净的炉气输送到石灰窑进行利用或排空点燃。

（2）净化后的粉尘通过输送系统输送至指定地点进行后续处理。

（3）当气力输送系统不能正常输送时，净化后的粉尘进行外运处理。

三、工艺操作

净化：电石炉炉气在风机作用下，通过通水烟道输送至净化系统，通过降温、沉降后，分离出部分灰尘，降温后的炉气通过高温布袋过滤器将炉气中粉尘含量降低在 $50\mathrm{mg/m^3}$ 后，干净炉气输送至气烧石灰窑或排空点燃，达到环保目的。

散点除尘：原料输送或出炉过程中产生的含尘烟气，在离心风机作用下，进入布袋过滤仓，通过过滤进行固气分离，达到抑尘的目的。

四、开车前的检查准备工作

（1）确保水冷烟道蝶阀关闭、送气阀关闭，其余炉气管道阀门全开。

（2）系统置换：通知调度，使用氮气对净化系统进行置换。打开氮气总阀和各仓体氮气置换阀，将刮板机两头和储灰仓的氮气阀门开30°，置换合格。

（3）检查粗气风机、净气风机、空冷风机油位在2/3以上。检查6个卸灰阀、刮板机、3个反吹电机上的减速机是否缺油。

（4）检查净气烟道冷却水回水是否正常。

（5）对各风机进行盘车，确保运转正常。

五、净化开车步骤及正常操作步骤

1. 密闭电石炉净化开车步骤

① 电石炉挡位降至1挡时，打开离烟道最远的炉门。

② 风机频率设定为5Hz。

③ 打开水冷烟道蝶阀，5min后关闭炉门。

④ 通知中控工关闭荒气烟道蝶阀，电石炉升负荷。根据炉压设定风机频率，将炉压控制在−5～10Pa。

⑤ 待负荷升起、炉压稳定后，将变频PID点开（气动调节阀调整），关闭6个仓氮气阀。

⑥ 适当调节储灰仓、刮板机机头机尾氮气阀门，保持指标之内，以能听到氮气气流声为宜。

⑦ 投入气力输灰系统。

2. 密闭电石炉净化送气步骤

① 根据气柜柜位，得到调度送气指令后，提高风机频率；调整排空阀开度，直排开度在45%以下时开启送气蝶阀，此时根据炉压、管道压力情况逐渐关闭净化排空阀。

② 送气成功后，及时反馈调度，并做好相关记录。

③ 调节炉压到工艺指标范围内；当炉压持续不下时，及时调整风机频率。

3. 切气操作

① 通知调度、石灰窑，得到调度允许停气指令后，通知中控工注意调节炉压，此时打开被切气电石炉净化排空阀，同时关闭至石灰窑的总阀。

② 通知石灰窑、中控工停气成功，并做好记录。

③ 停气后立即将排空炉气点燃。

④ 电石炉同时切气后将增压风机进口位置的闸板阀关闭，防止空气进入煤气管线内部。

4. 气柜恒柜操作

① 调度通知电石车间净化工将气柜柜位高度控制在16.3m。

② 调度通知电石车间根据气柜高度及石灰窑煤气压力逐步关闭放散。

③ 电石车间始终保持净气排空烟道为5%开度，保持火焰在燃烧状态，方便及时

调整炉压。

④ 电石车间对电石炉净化净气风机频率统一控制在 25～35Hz。

⑤ 石灰窑换向前净化工通过单台净化放散阀调节管道压力，管压控制在 4.5～7.5kPa。

⑥ 当连续处理料面时，电石炉净化必须先送气后切气。

⑦ 电石车间在电石炉炉压波动较大且无法进行及时有效调节时，可进行降低负荷生产，并通知当班调度。

六、停车步骤

1. 正常停车步骤

① 当电石炉挡位降至最低挡时，中控工打开荒气烟道蝶阀，净化工关闭水冷烟道蝶阀。

② 打开氮气阀门对系统进行置换。

③ 停止净化风机。

2. 紧急停车步骤

① 通知中控工打开荒气烟道蝶阀，通知石灰窑紧急切气。

② 关闭水冷烟道总阀。

③ 停风机。

④ 通知调度及相关人员。

⑤ 查明原因并做好记录。

七、注意事项

1. 操作注意事项

（1）操作人员必须携带便携式 CO 检测仪，两人协助一前一后巡检，每隔 15min 左右呼叫联系一次。

（2）巡检或检修过程中，勤看风向标，尽量在上风口作业。

（3）设备运行时，不得擦拭设备。

2. 安全注意事项

（1）电石炉正常生产过程中禁止负压操作。

（2）任何情况下，开启荒气烟道蝶阀时，必须通知石灰窑。

（3）炉内氢、氧含量超标时，通知值班长进行处理。

（4）停车后，必须打开各置换点氮气阀门，对净化装置进行置换。

（5）在电石炉停炉后，严禁启动净化装置净气风机、粗气风机，避免因氧气进入布袋仓造成仓内布袋燃烧。

（6）电石炉和净化检修时，必须关闭净化送气盲板阀，杜绝净化管压过高造成一氧化碳气体反窜造成人员中毒事故。

（7）电石炉带净化处理料面时净化系统切气后全开直排，净化工通知中控工，同时根据挡位调整风机频率（风机频率适当后保持，观察炉压，确保在未开启炉门的情况下为最大负压）。

八、岗位异常现象及处理

异常现象及处理见表 5-11。

▣ **表 5-11　异常现象及处理**

异常情况	出现的现象	产生的原因	处理方法
卸灰阀不工作	打开卸灰阀开关后，卸灰阀不动作	1. 电机烧坏 2. 卡死 3. 电机及减速机键槽或键条磨损	1. 更换烧毁的电机 2. 打开卸灰阀，将卡塞的异物取出后进行手动盘车，确认无其他异常后将卸灰阀安装到位，螺丝紧固后重新启动 3. 更换减速机或电机，更换键条
拉链机不除灰	拉链机运行，但不能正常除灰	1. 链条拉断 2. 链条跑偏、卡塞 3. 减速机键槽磨损	1. 检查更换链条 2. 调整链条平衡 3. 更换减速机
仓泵压力不降	仓泵压力不降	1. 气力输送管线堵塞 2. 阀门不动作	1. 疏通管道 2. 检查阀门
粗、净气风机跳停	粗、净气风机运行过程中跳停	1. 过载 2. 电器故障	1. 通知中控工打开荒气烟道蝶阀泄压，紧急切气 2. 联系电工检查原因，排除故障
防爆膜爆裂	净化装置防爆膜突然爆裂	净化系统内部进入氧气	1. 净化系统紧急停车，紧急切气 2. 电石炉中控工打开荒气烟道蝶阀 3. 净化操作人员佩戴正压式空气呼吸器后打开氮气阀门置换，防止发生二次爆炸 4. 疏散净化装置周边人员，设立警戒区域，直至故障排除

第六章

电气仪表与自动化知识

第一节　电工电气知识

一、电气相关名词解释

电路：用导线、电器、开关、电源等组成的导电回路。

电源：提供电能的装置，如：干电池、蓄电池、发电机等。

负载：连接在电路中的电源两端的电子元件。

开关：控制电路通断。

导线：工业上也称为电线，用来疏导电流。

电路图：用规定的元件符号表示电路连接情况的图。

通路：处处连通的电路。

开路：某处断开。

短路：电源未经过用电器，直接构成回路（严禁）。

二、电气基本物理量

（1）电流　电荷定向运动形成电流，电流方向规定为正电荷运动方向。

$$I = q/t$$

式中，I 为电流，A；q 为电量，C；t 为时间，s。

单位及换算：A、mA、μA；$1A = 10^3 mA$，$1mA = 10^3 \mu A$。

（2）电压　电压是推动电荷定向运动形成电流的原因。电流之所以能够在导线中流动，也是因为在电流中有高电势和低电势之间的差别，这种差别叫电势差，也叫电压。单位：伏特（V）。

（3）电能　是指使用电以各种形式做功（即产生能量）的能力，单位：kW·h；$1kW·h = 3.6 \times 10^6 J$。

（4）电功率　电流在单位时间内所做的功叫做电功率，单位：瓦、千瓦、毫瓦。$1kW=10^3W$，$1W=10^3mW$。

（5）欧姆定律

$$I=U/R\text{（部分电路）}$$

式中，I 为电流，A；U 为电压，V；R 为电阻，Ω。

有电流必定有电压（超导物质除外）；有电压不一定有电流。

三、直流电路相关知识

（1）串联电路　电路中的元件或部件排列得使电流全部通过每一部件或元件而不分串联电路流的一种电路连接方式。在串联电路中，电压与电阻成正比。$I=I_1=I_2=\cdots=I_n$；$U=U_1+U_2+\cdots+U_n$；$R=R_1+R_2+\cdots+R_n$。

（2）并联电路　并联电路是指在电路中，所有电阻（或其他电子元件）的输入端和输出端分别被连接在一起。$U=U_1=U_2=\cdots=U_n$；$I=I_1+I_2+\cdots+I_n$；$1/R=1/R_1+1/R_2+\cdots+1/R_n$。

（3）混联电路　电路既不是单纯的串联也不是单纯的并联。这种电路应先化简后再进行运算。

四、交流电路相关知识

1. 交流电的概念

交流电是指电流方向随时间作周期性变化的电流。

2. 交流电分类

（1）三相交流电　如高压电线路、三相电动机用电。

（2）单相交流电　如家庭用电（市电）、220V（电压）、50Hz（频率）。

五、三相电的输送

1. 高压输电线路

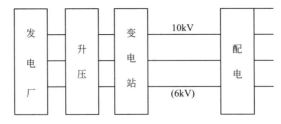

2. 升压成高压传送的目的

（1）降低损耗。

（2）节省成本。

（3）方便架线。

常见高压有 10 万伏、几十万伏。

3. 低压配电线路

（1）供电方式　三相三线制、三相四线制（图 6-1）。

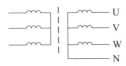

图 6-1　三相四线制供电方式

（2）三相三线制　由三个绕组（线圈）首端引出三根相线的供电方法。特点：只供 380V 电压。应用：三相对称性负载，如电动机。

（3）三相四线制　由三个绕组首端分别引出三根线，由三个尾端连接在一起引出一根的接法。特点：能供两种电压，220V、380V。三相四线制接法见图 6-2。

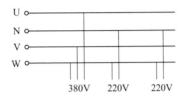

图 6-2　三相四线制接法

（4）相关概念

相线：首端引出的导线称为相线（火线）；

中性线：尾端引出的导线称为中性线（零线）；

相电压：火线与零线之间的电压，220V；

线电压：火线与火线之间的电压，380V。

注：N 线在中间（如错接造成烧电器）。

第二节　安全用电知识

（1）工作前必须检查工作票据齐全，工具、测量仪表和防护用具是否完好。

（2）任何电气设备内部未经验明有无电时，一律应视为有电，不准用手触及。

（3）电气设备运行时禁止检修，检修前必须停车，断开电源。验明无电后，挂上"禁止合闸，有人工作"的警示牌。

（4）在总配电盘及母线上进行工作时，在验明无电后应接临时接地线，装拆接地线都必须由值班电工进行。

（5）临时工作中断后或每班开始工作前，都必须重新检查电源确已断开，并验明无电。

（6）由专门检修人员修理电气设备时，值班电工要负责进行登记，完工后要做好交待，共同检查，方可送电。

（7）必须在低压配电设备上进行带电工作时，需经主管领导批准，并有专人监护。

（8）工作时要佩戴安全帽，穿长袖衣服，戴绝缘手套，使用绝缘的工具，并站在绝缘物上进行操作。邻相带电部分和接地金属部分应用绝缘板隔开。带电工作时，严禁使用锉刀、钢尺等金属工具进行工作。

（9）禁止带负载操作动力配电箱中的刀开关。

（10）电气设备的金属外壳必须接地（接零），接地线要符合标准，不准断开带电设备的外壳接地线。

（11）拆除电气设备或线路后，对可能继续供电的线头必须立即用绝缘布包好。

（12）安装灯头时，开关必须接在相线上，灯头（座）螺纹端必须接在零线上。

（13）对临时装设的电气设备，必须将金属外壳接地。严禁将电动工具的外壳接地线和工作零线接在一起插入插座。必须使用两线带地或三线插座时，可以将外壳接地线单独接到干线的零线上，以防接触不良引起外壳带电。

（14）动力配电盘、配电箱、开关、变压器等各种电气设备附近，不准堆放各种易燃、易爆、潮湿和其他影响操作的物件。

（15）熔断器的容量要与设备和线路安装容量相适应。

（16）使用梯子时，梯子与地面之间的角度以60°左右为宜，在水泥地面上使用梯子时，要有防滑措施。

（17）使用喷灯时，油量不得超过容器容积的3/4，打气要适当，不得使用漏油、漏气的喷灯，不准在易燃、易爆物品的附近将喷灯点燃。

（18）使用一类电动工具时，要戴绝缘手套，并站在绝缘垫上。

（19）用橡胶软电缆接移动设备时，专供保护接零的芯线中不许有工作电流通过。

（20）当电气设备发生火灾时，要立刻切断电源，然后使用干粉灭火器或二氧化碳灭火器灭火，严禁用水或泡沫灭火器灭火。

第三节　变压器短网知识

一、变压器短网介绍

电石炉短网的特点是电流大（几万安培甚至几十万安培）、组合母线外形轮廓复杂、工作环境恶劣，不能按通常电气装置载流导体进行设计。虽然电石炉短网长度不大，但其电阻，尤其是电抗对电石炉装置工作有很大影响。在很大程度上决定了电石炉装置的效率、功率因数及炉子是否能进行稳定生产。

二、短网设计要求

从变压器二次端头到炉子电极的二次母线总称短网。短网由母排（或管子）、软电缆及引至电极的馈电线等三部分组成。短网是输送低电压、强电流电能的桥梁。对它的要求如下。

(1) 电阻越小越好，减少电压降及有功损耗。

(2) 电抗越小越好，减少无功损耗，提高功率因数。

(3) 尽量使每个相的阻抗值和复合分配达到平衡。

(4) 具有可绕部分，以适应电极升降的要求。

(5) 减少温度对短网阻抗值的影响。

(6) 减少铁磁体对短网阻抗值的影响。

(7) 缩小或克服大电流带来的不利作用。

(8) 保证绝缘性能，稳定和安全运行。

三、电石炉短网各段导体元件

(1) 温度补偿器　为防止母线束受热后把膨胀力传给变压器出头，影响出头处油密封，除 $1000\sim1500kV\cdot A$ 容量以上的变压器外，都应装设温度补偿器。

(2) 组合母线束　短网组合母线束是最长的一段，应尽一切办法减少其电抗。通常是把一相中来去电流的导体交替并排排列，即所谓的单相往复交错排列。

(3) 组合母线束分裂段　在组合束末端，为把单相组合束同一极性的导体和三相组合束中同一相导体集合在一起，通过固定集电环把电流供给软电缆，这样的母线段称为母线分裂段。采用何种分裂形势，其原则是使电抗最小。

(4) 固定集电环和移动集电环　矩形母线或管状母线与软电缆间，或软编线与电极旁水冷导电铜管间，要通过集电环接触连接起来。

(5) 可绕软线　短网可绕软线较长，要保证电极垂直方向移动、炉体倾斜及炉盖旋转等几个方向动作。

(6) 导电铜管供给电极卡子电流，都由水冷铜管提供。

(7) 接触颊板　又称电极卡子，是把电流导给电极的一个部件。为了保证接触良好，需要有一定的接触压力。接触颊板和电极接触处，有很大的功率损失，约占炉子总有效功率的 $2\%\sim6\%$，接触颊板的电抗约占短网电抗的 $2\%\sim4\%$。

(8) 电极从接触颊板到电弧处的长度，小容量电弧炉为 $1.5\sim2m$，大容量电弧炉为 $5\sim6m$，开口式矿热炉为 $1m$，封闭式炉为 $2\sim2.5m$。

四、决定短网配置的主要因素

炉用变压器、短网结构和炉子装置是三位一体的有机组合，短网配置方式与炉子的炉型及其参数、变压器接线组合及结构状态等有关。短网的配置方式应考虑下列因素。

（1）炉子的功率大小　一般来讲，炉子的功率越大，短网配置的问题就越复杂。

（2）炉子的形状　圆形系的有圆形、三角形和正方形；矩形系的有矩形和椭圆形。圆形系炉子的电极是正三角形布置，矩形系炉子的电极是并列布置。

（3）工艺要求的电参数、需用的电参数、需用的二次电压等级及相应的电流强度，是考虑短网绝缘、载流体截面和电气联结要求的依据。

（4）投资和回收年限，有色金属的节约和代用要求。

（5）使用的电极（石墨、炭质及自焙）及其合理尺寸和允许极限尺寸。

（6）电极根数及其在炉膛内的布置　中小功率电石炉取三根，大功率电石炉取三根或六根，一般来说，电极根数越多，短网配置就越复杂。

（7）短网穿过炉顶的可能性、热力作用程度和炉气的腐蚀性等。

（8）生产操作的其他要求　电极升降及其上下行程，炉体有否回转，烧穿母线的电源供应（有无单独的烧穿变压器）等。

（9）变压器的组合　中小功率电石炉采用一台三相变压器，大功率电石炉可以考虑采用三台单相变压器。选择变压器组合方式时，应考虑炉子的功率和台数、变压器的制造和运输、短网配置方式、电极根数、功率调节和厂房布置等因素，经过技术、经济比较，权衡得失。

（10）变压器低压侧的可能接线方式　一般炉用变压器的各相线圈的头尾全部引出，以便短网的合理排列和接线（三角形或星形），个别的炉用变压器，其低压侧在制造时已经接成固定的三角形或星形。

（11）变压器低压绕组结构及每相并联支路的引出数量　一般炉用变压器每相并联支路的引出数量，通常是二、四、六对，视载流量的大小而定。

（12）变压器引出端头的型式与部位　通常采用铜排式或铜管式引出，其结构部位在变压器的顶盖上或侧壁。

（13）变压器的安装位置　变压器的安装位置关系到短网配置的长度和对称性，为缩短短网长度，炉用变压器应尽量靠近炉体，并将变压器出线中心抬至短网母线中心同一高度。

（14）变压器调压方式、功率调节方式　小功率的炉用变压器大都采用无载调压，中大功率的变压器一般采用有载调压。为了更好地满足工艺生产的需要，控制电极间的功率转移，可采用分相的有载调压。

五、短网的结构特点

（1）小型电石炉（例如 2000kV·A）短网是在进入软电线处就接成三角形，通常称炉旁三角形，母排上流过的是相电流，而软电线及电极上流过的是线电流。大型电石炉的短网一般是通过电极接成三角形，短网上流过的是相电流，电极上流过的是线电流，显然，这样对短网和变压器的设计制造上克服大电流的困难很有益处。

（2）在满足运行和维修的条件下，使变压器尽量靠近炉子，将变压器抬高，使变压器出线标高和短网母线标高一致，以减小母线不必要的垂直部分，缩短短网长度。

（3）在截面相同、动稳定允许的条件下，采用周边长、高度与厚度比值较大的矩形母线。一般母线厚度采用 10～15mm，高度与厚度之比为 20：1，母线间距为 10～20mm。

（4）在截面相同的情况下，采用直径较大的导电铜管（管厚取 10～15mm），以减小自感电抗。

（5）电流相位相反的母线交错排列，并相互靠近，使互感应补偿自感应，降低合成阻抗；电流相位相同的母线间距离拉远，以减小互感。并避免各并联支路的电抗不平衡，引起负荷分配的不平衡而造成附加损耗。

（6）尽量避免在短网及电极周围构成铁磁回路（如普通钢构件），而引起附加电抗的增加，并在铁磁体内产生涡流损耗和磁滞损耗。尽量减少或拉远短网临近的铁磁零件。

（7）采用电阻系数和电阻温度系数较小的导电材料。

（8）采用磁阻大的非磁性材料代替铁磁性材料。

（9）采用耐热的、绝缘性能良好的绝缘材料。

（10）选用比一般经济电流密度更小的电流密度。

（11）尽量减少短网的导电接触连接点。在接触连接点不可避免时，则必须选用合适的金属材料、增加接触面、保持接触面清洁、防止氧化、充分散热、保证接触点上有足够的压力，以降低接触电阻，使导电接触连接良好。对于铜铝的连接，采用铜铝过渡板。

（12）大型电石炉作馈电母线用的铜管（或铝管）以及靠近电极部分的导电铜管采用水冷却。

（13）变压器低压侧出线端与母线连接处，采用软铜皮做成的补偿器（或补偿接头）进行补偿，以减轻热胀冷缩和机械振动对出线端的影响，避免变形和渗油（对 2000kV·A 电石炉可不装补偿器）。

（14）短网母线用数量足够、绝缘可靠的夹件紧固，保证电动稳定。

（15）采用可挠性和散热情况较好的裸铜软电线（或水冷软电缆），适应电极升降的需要。

（16）降低短网的运行温度，其措施是用较好的隔热材料遮挡炉子对短网的辐射热。

（17）考虑加工制造和维护检修的方便。

六、几种典型短网的配置方式

电石炉短网设计中，有多种方式，但按其配置的接线特点，大致可分为以下几种，如图 6-3 所示。

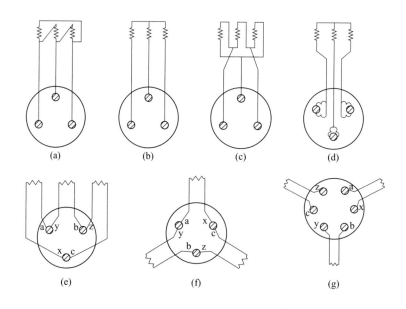

图 6-3　电石炉典型短网配置示意图

(a) 变压器出口△接法圆形炉；(b) 三相丫接法圆形炉；(c) 三相炉旁△接法圆形炉；(d) 三相丫接法（短网穿过炉顶）圆形炉；(e) 三相通过电极对称接成△的圆形炉；(f) 三台单相变压器分布供电的三电极△接法圆形炉；(g) 三台单相变压器分布供电的六电极圆形炉。

图 6-3 中，（a）～（c）三种配置方式适用于小型电石炉；（d）配置方式适用于中大型电石炉，尤其是负荷需要分相控制时；（e）配置方式适用于中大型电石炉；（f）、（g）两种配置方式适用于大型电石炉。

1. 星形（丫型）

星形接线（包括变压器出口三角形接法）的短网中流过线电流，汇流母线不能头尾交错排列，三相短网参差程度较大，因而感抗、功率转移和负荷不平衡明显增加，所以一般在小功率电石炉上采用。当从节省短网导体材料、缩短短网长度、减轻三相短网参差程度及负荷需要分相控制的角度出发，在大功率电石炉上也可采用这种接线方式，其短网配置穿过炉顶，变压器中性点引出与炉底相连接。

2. 星形带中点延伸型

星形带中点延伸型的短网配置方式，优点是局部地改善汇流母线区段的排列情况，缺点是消耗较多的有色金属。这种接线方式应用很少。

3. 炉旁△型

炉旁△型的短网配置方式，其根本也在于改善汇流母线区段的排列，使电流相位差为180°的汇流母线交错排列，更好地抑制互感电抗。在三角形回路内的电流为相电流。这种改良有局限性，而且消耗较多的有色金属。该接线方式在小功率电石炉上应用甚多。

4. 三角形（△型）

三角形接线是通过电极接成三角形的短网配置方式，它分不对称连接法和对称连接法两种。这种接线的明显优点：首先是短网各区段流过相电流，使汇流母线的头尾交错排列相当完善，而且类似的作用部分地延伸到软电线和导电铜管，故其感抗较小；其次是短网非交错排列的导电铜管长度参差较小，且各相基本上对称，因此负荷分配平衡、功率转移相对减小。

中等功率电石炉多半采用一台三相变压器通过电极接成三角形的短网配置方式。

大功率电石炉可以采用一台三相变压器或三台单相变压器通过三根电极接成三角形或三台单相变压器对电极（三根或六根或更多）分布地供电的短网配置方式。

上面只讨论了短网配置的四种方式。严格地讲，短网配置方式只有Y形和△形两种，星形带中点延伸和炉房△型仅是过渡形式。△形接线相对Y形接线，其互感电抗、功率因数、负荷分配和功率转移等指标优越，但对一般小型电石炉可采用Y形，尤其是炉旁△形的接线方式，而中型和大型电石炉采用△形接线方式。

七、短网的电流密度

由于短网的集肤效应和邻近效应较大，所以按照一般规定的经济电流密度（J）选择短网是不太适当的，应加以降低，一般与所述两种效应所产生的综合系数（Z_x）的平方根成反比，即校正后的电流密度（J'）为：

$J' = J \cdot 1/\sqrt{Z_x}$（$J$ 的数值，铜采用 1.8A/mm^2，铝采用 0.9～1A/mm^2）

电石炉短网各区段所选择的电流密度值一般采用如下经验数据。

（1）馈电母线　铜排 1.2～1.5A/mm^2；铝排 0.6～0.9A/mm^2；通水导电铜管 3～5A/mm^2；通水导电铝管 2～3.5A/mm^2。

（2）软电线　软铜复绞线（TRJ 型）1～1.5A/mm^2，一般采用 1A/mm^2 左右；薄铜带 0.9～1.3A/mm^2。

（3）靠电极的通水导电铜管 2～3A/mm^2。

（4）相同金属接触面的允许电流密度见表 6-1。不同金属接触面允许电流密度见表 6-2。

□ 表 6-1　相同金属接触面允许电流密度　　　　　　　　　　　　　　　　　　　　单位：A/mm²

电流	铜	铝 （铜×0.7）	黄铜 （铜×0.4）	钢 （铜×0.3）	砼青铜 （铜×0.35）	锡青铜 （铜×0.55）
2000A 以下	1000A，0.23 （500A，0.28） （200A，0.31）	0.16	0.091	0.069	0.080	0.127
2000A 以上	0.12	0.09	0.048	0.036	0.042	0.066

□ 表 6-2　不同金属接触面允许电流密度　　　　　　　　　　　　　　　　　　　　单位：A/mm²

电流	铜-铝 （铜×0.7）	铜-钢 （铜×0.5）	黄铜-铜 （铜×0.3）	铜-锡青铜 （铜×0.55）
2000A 以下	0.16	0.115	0.069	0.127
2000A 以上	0.09	0.06	0.036	0.066

（5）电极与金属接触面的电流密度

铜铸件-石墨电极（接触面用水冷）：5.5A/mm²

钢铸件-石墨电极（接触面用水冷）：3A/mm²

钢铸件-石墨电极（接触面不用水冷）：1.5A/mm²

黄铜铸件-石墨电极（接触面不用水冷）：2A/mm²

铜铸件-炭质电极（接触面用水冷）：5A/mm²

铜铸件-自焙电极（接触面用水冷）：2A/mm²

（6）电石炉用电极所采用的电流密度　推荐适宜的电流密度范围见表6-3。

□ 表 6-3　适宜的电流密度范围　　　　　　　　　　　　　　　　　　　　　　　　单位：A/mm²

石墨	炭质	自焙
4～6	3～4.5	3～6

随着电极直径的增大，所采用的电流密度取小值。

第四节　PLC 自动化知识

PLC 控制系统是随着现代大型工业生产自动化的不断兴起和过程控制要求的日益复杂应运而生的综合控制系统，它是计算机技术、系统控制技术、网络通信技术和多媒体技术相结合的产物，可提供窗口友好的人机界面和强大的通信功能，是完成过程控制，过程管理的现代化设备。

一、系统的主要技术要求

系统主要由 CPU 和相应的 I/O 板卡组成的控制系统，在现场要求较高、控制设备比较分散的场所通常采用主从站进行控制，之间可以通过 DP 通信或者光纤进行通信。再配以功能强大的 WINCC 组态软件，使得西门子 PLC 在密闭电石炉中应用得心应手。该系统具备开放的体系结构，可以提供多层开放数据接口。

硬件系统在恶劣的工业现场具有高度的可靠性，维护方便，工艺先进，底层的汉化软件平台具备强大的处理功能，并提供方便的组态复杂控制系统的能力及用户自主开发专用高级控制算法的支持能力，易于组态、易于使用。支持多种现场总线标准以适应未来的扩充。

二、电石炉 PLC 控制方案

电石生产系统采用 PLC 控制技术可以对炭材原料的干燥、电石炉的配料及加料、电极压放、电极升降、炉压监测、炉气除尘处理系统实现远程控制。

上述每个板块的操作主要包括手动/自动选择、参数调节、重要连锁开关的投入/切除以及紧急情况的处理等。

电石炉采用西门子 S7-300/400 PLC 控制系统，采用主从关系进行电石炉的各项操作控制，主从之间由于距离较远，从而选用光纤进行通信，进一步提高了系统的响应速度。主站和工业计算机之间采用以太网通信方式，并在中控室加装以太网交换机，保证在某一台工控机出现故障时可以立即切换到另外一台工控机上进行操作，而不会影响正常生产。组态画面采用功能强大的 WINCC 组态软件，方便工程技术人员进行维护和新增响应的操作界面。

（一）电石炉控制系统

电石炉系统分为上料系统、电极控制系统两大部分。在加料系统中，中控室操作人员根据电石炉原材料的消耗情况启动上料系统，环形加料机接受来自配料站的混料后由操作工根据料仓自动上料程序确定缺料料罐。然后将相应的犁式翻板通过气缸驱动伸出，将混料挡入缺料料罐内。电石炉料仓实际料位显示由仓顶雷达物位计进行测量。

（二）电极参数

一次电压：电压信号按 1∶1100 变比从 110 kV 变电站采集。

二次电压：电压的信号是从炉变短网二次侧处直接通过电压变送器采集的 4～20mA 标准信号。

一次电流：电流信号是在炉变上采集的 1～5V 的信号。

功率因数：功率因数是根据电流、电压信号通过功率因数变送器实际值计算得出。

（三）控制方式

电石炉控制方式可以分为液压控制和电气控制。液压控制主要内容指电石炉电极的升降、压放操作，电气控制主要指电石炉上料皮带、加料机、刮板机、加热风机、加热元件、油泵控制，净化系统控制。

（四）电石炉控制过程仪表和参数

（1）电石炉炉压　差压型压力变送器（图6-4）常用于测量电石炉炉膛压力变化，简称"炉压"，电石炉及净化工艺操作人员可以根据炉压的变化情况及时调整操作，安全生产。

图6-4　压力变送器

（2）净化管道压力　用于观察炉气净化后送入气烧石灰窑或气柜的管道压力，保证送入石灰窑的煤气压力值和气柜柜位达到工艺设定要求。

（3）炉底温度　电石生产是高温加热的过程，为确保电石生产过程中设备不因冶炼温度的持续上升而损坏，在炉底电极对应位置分别安装了 T1、T2、T3 三支 K 型热电偶，用于检测炉底温度。

热电偶见图6-5。

热电偶测温的基本原理是两种不同成分的导体组成闭合回路，当两端存在温度梯度时，回路中就会有电流通过，此时两端之间就存在电动势——热电动势，这就是所谓的塞贝克效应。两种不同成分的均质导体为热电极，温度较高的一端为工作端，温度较低的一端为自由端，自由端通常处于某个恒定的温度下。根据热电动势与温度的函数关系，制成热电偶分度表；分度表是自由端温度在 0℃ 时的条件下得到的，不同的热电偶具有不同的分度表。热电偶测温基本原理：将两种不同材料的导体或半导体 A 和 B 焊接起来，构成一个闭合回路。当导体 A 和 B 的两个执着点 1 和 2 之间存在温差时，两者之间便产生电动势，因而在回路中形成一个电流，这种现象称为热电效应。热电偶就是利用这一效应来工作的，原理见图6-6。

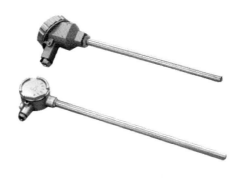

图 6-5 热电偶

图 6-6 热电偶工作原理示意图

（4）荒气烟道温度 在烟道上安装烟道测温点 T4，进一步控制抽出炉膛的荒气温度是否符合工艺要求。

（5）底环和接触元件温度 用来测量底环和接触元件通水温度的热电阻，是安装在水分配器底环和接触元件通水回水管道上的温度测量元件，是电石炉工艺安全操作重要的参数之一。

热电阻（见图 6-7）是基于导体或半导体的电阻值随温度变化而变化这一特性来测量温度及与温度有关的参数。热电阻大都由纯金属材料制成，目前应用最多的是铂和铜，现在已开始采用镍、锰和铑等材料制造热电阻。热电阻通常需要把电阻信号通过引线传递到计算机控制装置或者其他二次仪表上。

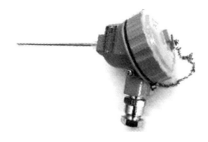

图 6-7 热电阻

（6）荒气烟道蝶阀安装位置 安装在电石炉荒气烟道的调节阀，用于控制炉膛内的工作压力。当要处理料面或者需要检修时就需要打开荒气烟道蝶阀，保证作业人员的人身安全。还可以用来调整进入净化除尘系统的烟气量。

（7）净化粉尘检测仪（见图 6-8）　安装在净化管道上的粉尘检测仪，通过现场的红外线探头采集分析净化后的炉气粉尘浓度值是否达到工艺指标，间接指导工艺操作人员及时发现净化系统的布袋是否有破损现象等故障。

图 6-8　净化粉尘检测仪

（8）气体分析柜（见图 6-9）　在每台电石炉上都设有一台气体分析柜，主要用于在线监测净化后煤气管道中的 CO 含量是否达到工艺指标，并通过煤气管道中 H_2 含量的高低来判断电石炉是否发生漏水。

图 6-9　气体分析柜

（9）电极压放测量　安装在电石炉压放平台三相电极桶壁上，使用电极编码器或拉绳电阻尺对压放量进行精确测量，可精确到 0.1mm 以内。单次压放量在 2～3mm。

三、电石炉主要辅助设备控制

（1）电极自动控制　在配电操作画面上有一组操作文本框，中控工在文本框中输入二次电流控制值后，点击自动按钮，此时，电极的上升下降都根据人工设定的值进行自动控制，并保证在设定的值附近上下浮动来控制生产工艺。若想取消自动控制，则点击手动控制。

（2）智能出炉机器人控制（见图 6-10）　出炉机器人设备具备的功能有烧眼、开眼、拉眼、堵眼、清理炉口、清炉舌、母线自动开关、中控室集中操作等，是电石行业的重要的出炉工具。它的设计节约了成本，完全取消了吹氧操作模式。

图 6-10　智能出炉机器人控制

（3）配料控制　点击配料系统的启动按钮，所有上料系统开始逐步启动，首先启动环形布料器，后面依次为小上料皮带、长斜皮带、仓底皮带，所有上料系统全部正常启动后，方能进行卸料操作，若其中有一个环节不正常，则不能进行操作。

（4）风机控制　电石炉净化有空冷风机、粗气风机及净气风机。空冷风机由空冷后温度进行控制，比如，当设定值为 300℃ 时，空冷风机启动；粗气风机及净气风机的频率均由炉压进行控制，炉压高了风机的频率就高。当空冷后的温度值达到 500℃ 时，净化系统因高温故障停车。

（5）净化系统　当净化系统投用后因检修而停车时，所有的卸灰阀及净化拉链机在风机停车后再运行 30min 后自动停止。

第五节　电石炉变无功补偿装置

电石炉变的无功补偿一般采用电容补偿的方式来解决，而无功补偿又分为静态无功补偿和动态无功补偿，动态无功补偿为分相补偿，静态无功补偿为三相一起补偿，电石炉无功补偿为静态无功补偿。根据补偿的装置、变压器、短网（二次母线）的位置进行划分，主要有高压侧无功补偿、中压侧无功补偿、低压侧（短网）无功直接补偿、低压侧升压后补偿和静止动态无功补偿（SVG）。电石炉无功补偿器如图 6-11所示。

一、电力电容器

电力电容器是用于电力系统和电工设备的电容器。任意两块金属导体，中间用绝缘介质隔开，即构成一个电容器。电容器电容的大小，由其几何尺寸和两极板间绝缘介质的特性来决定。当电容器在交流电压下使用时，常以其无功功率表示电容器的容量，单位为乏或千乏。

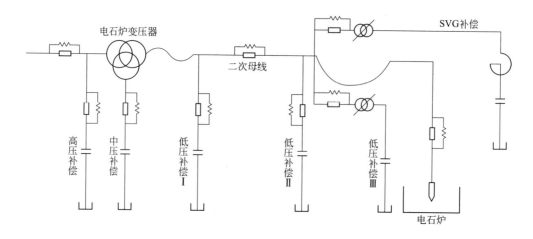

图 6-11　电石炉无功补偿器

（一）电力电容器的分类

电力电容器按安装方式可分为户内式和户外式两种；按其运行的额定电压可分为低压和高压两类；按其相数可分为单相和三相两种，除低压并联电容器外，其余均为单相；按外壳材料可分为金属外壳、陶瓷绝缘外壳、胶木筒外壳等。按用途又可分为以下 8 种。

（1）并联电容器　原称移相电容器，主要用于补偿电力系统感性负荷的无功功率，以提高功率因数，改善电压质量，降低线路损耗。

常见的动态无功补偿装置有四种：调压式动态无功补偿装置、磁控式动态无功补偿装置、相控式（TCR 型）动态无功补偿装置、SVG 动态无功发生器。

（2）串联电容器　串联于工频高压输配电线路中，用以补偿线路的分布感抗，提高系统的静、动态稳定性，改善线路的电压质量，加长送电距离和增大输送能力。

（3）耦合电容器　主要用于高压电力线路的高频通信、测量、控制、保护以及在抽取电能的装置中作部件用。

（4）断路器电容器　原称均压电容器，并联在超高压断路器断口上起均压作用，使各断口间的电压在分断过程中和断开时均匀，并可改善断路器的灭弧特性，提高分断能力。

（5）电热电容器　用于频率为 $40\sim24000\text{Hz}$ 的电热设备系统中，以提高功率因数，改善回路的电压或频率等特性。

（6）脉冲电容器　主要起贮能作用，用作冲击电压发生器、冲击电流发生器、断路器试验用振荡回路等基本储能元件。

（7）直流和滤波电容器　用于高压直流装置和高压整流滤波装置中。

（8）标准电容器　用于工频高压测量介质损耗回路中，作为标准电容或用作测量高压的电容分压装置。

（二）电力电容器的结构

电力电容器的基本结构包括电容元件、浸渍剂、紧固件、引线、外壳和套管等。补偿电容器结构见图 6-12。

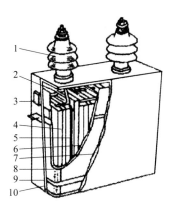

图 6-12　补偿电容器结构图

1—出线套管；2—出线连接片；3—连接片；4—扁形元件；5—固定板；6—绝缘件；7—包封件；8—连接夹板；9—紧箍；10—外壳

（1）电容元件　用一定厚度和层数的固体介质与铝箔电极卷制而成。若干个电容元件并联和串联起来，组成电容器芯子。在电压为 10kV 及以下的高压电容器内，每个电容元件上都串有一熔丝，作为电容器的内部短路保护。当某个元件击穿时，其他完好元件即对其放电，使熔丝在毫秒级的时间内迅速熔断，切除故障元件，从而使电容器能继续正常工作。电容元件的结构如图 6-13 所示。

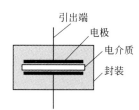

图 6-13　电容元件结构

（2）浸渍剂　电容器芯子一般放于浸渍剂中，以提高电容元件的介质耐压强度，改善局部放电特性和散热条件。浸渍剂一般为矿物油、氯化联苯、SF_6 气体等。

（3）外壳和套管　外壳一般采用薄钢板焊接而成，表面涂阻燃涂料，壳盖上焊有出线套管，箱壁侧面焊有吊攀、接地螺栓等。大容量集合式电容器的箱盖上还装有油枕或金属膨胀器及压力释放阀，箱壁侧面装有片状散热器、压力式温控装置等。接线端子从出线瓷套管中引出。电容器的型号含义如图 6-14 所示。

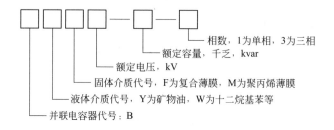

相数，1为单相，3为三相

额定容量，千乏，kvar

额定电压，kV

固体介质代号，F为复合薄膜，M为聚丙烯薄膜

液体介质代号，Y为矿物油，W为十二烷基苯等

并联电容器代号：B

图 6-14　电容器型号含义

（三）电力电容器的作用

1. 串联电容器的作用

（1）提高线路末端电压　串接在线路中的电容器，利用其容抗（xc）补偿线路的感抗（xl），使线路的电压降减少，从而提高线路末端（受电端）的电压，一般线路末端电压最大可提高 10%～20%。

（2）降低受电端电压波动　当线路受电端接有变化很大的冲击负荷（如电弧炉、电焊机、电气轨道等）时，串联电容器能消除电压的剧烈波动。这是因为串联电容器在线路中对电压降落的补偿作用是随通过电容器的负荷而变化的，具有随负荷的变化而瞬时调节的性能，能自动维持负荷端（受电端）的电压值。

（3）提高线路输电能力　由于线路串入了电容器的补偿电抗（xc），线路的电压降和功率损耗减少，相应地提高了线路的输送容量。

（4）改善了系统潮流分布　在闭合网络中的某些线路上串接一些电容器，部分地改变了线路电抗，使电流按指定的线路流动，以达到功率经济分布的目的。

（5）提高系统的稳定性　线路串入电容器后，提高了线路的输电能力，这本身就提高了系统的静稳定。当线路故障被部分切除时（如双回路被切除一回，单回路单相接地切除一相），系统等效电抗急剧增加，此时，将串联电容器进行强行补偿，即短时强行改变电容器串、并联数量，临时增加容抗（xc），使系统总的等效电抗减少，提高了输送的极限功率，从而提高了系统的动稳定性。

2. 并联电容器的作用

并联电容器并联在系统的母线上，类似于系统母线上的一个容性负荷，它吸收系统的容性无功功率，这就相当于并联电容器向系统发出感性无功。因此，并联电容器能向系统提供感性无功功率，提高系统运行的功率因数，提高受电端母线的电压水平，同时，它减少了线路上感性无功的输送，减少了电压和功率损耗，因而提高了线路的输电能力。

（四）电力电容器的安装

安装电力电容器的环境要求如下。

（1）电容器应安装在无腐蚀性气体、无蒸汽，没有剧烈震动、冲击、爆炸、易燃等危险的场所。电容器的防火等级不低于二级。

（2）装于户外的电容器应防止日光直接照射。

（3）电容器室的环境温度应满足制造厂家规定的要求，一般规定为40℃。

（4）电容器室装设通风机时，出风口应安装在电容器组的上端。进、排风机宜在对角线位置安装。

（5）电容器室可天然采光，也可用人工照明，不需要装设采暖装置。

（6）高压电容器室的门应向外开。

安装电容器的技术要求如下。

（1）为了节省安装面积，高压电容器可以分层安装于铁架上，但垂直放置层数应不多于三层，层与层之间不得装设水平层间隔板，以保证散热良好。上、中、下三层电容器的安装位置要一致，名牌向外。

（2）安装高压电容器的铁架成一排或两排布置，排与排之间应留有巡视检查的走道，走道宽度应不小于1.5m。

（3）高压电容器组的铁架必须设置铁丝网遮拦，遮拦的网孔3～4cm² 为宜。

（4）高压电容器外壳之间的距离，一般不应小于10cm；低压电容器外壳之间的距离应不小于50mm。

（5）高压电容器室内，上下层之间的净距不应小于0.2m；下层电容器底部与地面的距离应不小于0.3m。

（6）每台电容器与母线相连的接线应采用单独的软线，不要采用硬母线连接的方式，以免安装或运行过程中对瓷套管产生应力，造成漏油或损坏。

（7）安装时，电气回路和接地部分的接触面要良好。因为电容器回路中的任何不良接触，均可能产生高频振荡电弧，造成电容器的工作电场强度增高和发热损坏。

（8）较低电压等级的电容器经串联后运行于较高电压等级网络中时，其各台的外壳对地之间，应通过加装相当于运行电压等级的绝缘子等措施，使之可靠绝缘。

（9）电容器经星形连接后，用于高一级额定电压，且中性点不接地时，电容器的外壳应对地绝缘。

（10）电容器安装之前，要分配一次电容量，使其相间平衡，偏差不超过总容量的5%。当装有继电保护装置时还应满足运行时平衡电流误差不超过继电保护动作电流的要求。

（11）对个别补偿电容器的接线应做到：对直接启动或经变阻器启动的感应电动机，其提高功率因数的电容可以直接与电动机的出线端子相连接，两者之间不要装设开关设备或熔断器；对采用星-三角启动器启动的感应式电动机，最好采用三台单相电容器，每台电容器直接并联在每相绕组的两个端子上，使电容器的接线总是和绕组的接法相一致。

（12）对分组补偿低压电容器，应该连接在低压分组母线电源开关的外侧，以防止分组母线开关断开时产生自激磁现象。

（13）集中补偿的低压电容器组，应专设开关并装在线路总开关的外侧，而不要装在低压母线上。

（五）电力电容器的运行

1. 电容器的安全运行

电容器应在额定电压下运行。如暂时不可能，可允许在超过额定电压5%的范围内运行；当超过额定电压10%时，只允许短期运行。但长时间出现过电压情况时，应设法消除。

电容器应在三相平衡的额定电流下进行工作。如暂时不可能，不允许在超过1.3倍额定电流下长期工作，以确保电容器的使用寿命。

电容器组安装地的环境温度不得超过40℃，24h内平均温度不得超过30℃，一年内平均温度不得超过20℃。电容器外壳温度不宜超过60℃。

2. 电容器相关参数的监控

（1）温度的监视　无厂家规定时，电容器的温度一般应为-40～40℃，在电容器外壳粘贴示温蜡片。运行中电容器温度异常升高的原因包括：运行电压过高（介损大）；谐波的影响（容抗小电流大）；合闸涌流（频繁投切）；散热条件恶化。

（2）电压的监视　应在额定电压下运行，亦允许在1.05倍额定电压下运行，在1.1倍额定电压下运行不超过4h。

（3）电流的监视　应在额定电流下运行，亦允许在1.3倍额定电流下运行，电容器组三相电流的差别不应超过±5%。

（4）电容器的投入退出　当功率因数低于0.85，电压偏低时应投入；当功率因数趋近于1且有超前趋势，电压偏高时应退出。

发生下列故障之一时，应紧急退出：①连接点严重过热甚至熔化；②瓷套管闪络放电；③外壳膨胀变形；④电容器组或放电装置声音异常；⑤电容器冒烟、起火或爆炸。

（5）电力电容器组在接通前应用兆欧表检查放电网络。接通和断开电容器组时，必须考虑以下几点。

① 当汇流排（母线）上的电压超过1.1倍额定电压最大允许值时，禁止将电容器组接入电网。

② 在电容器组自电网断开后1min内不得重新接入，但自动重复接入情况除外。

③ 在接通和断开电容器组时，要选用不能产生危险过电压的断路器，并且断路器的额定电流不应低于电容器组的1.3倍额定电流。

（六）电力电容器的维护

1. 操作电容器时的注意事项

（1）正常情况下，全站停电操作，应先拉开电容器断路器，后拉开各出线断路器；恢复送电时，顺序相反。

（2）事故情况下，全站停电后，必须将电容器的断路器拉开。

（3）并联电容器组断路器跳闸后，不准强送电；熔丝熔断后，未查明原因前，不准更换熔丝送电。

（4）并联电容器组，禁止带电荷合闸；再次合闸时，必须在分闸 3min 后进行。

（5）装有并联电阻的断路器不准使用手动操作机构进行合闸。

（6）高压电容器组外露的导电部分，应有网状遮拦，进行外部巡视时，禁止将运行中的电容器组的遮拦打开。

（7）任何额定电压的电容器组，禁止带电荷合闸，每次断开后重新合闸，须在短路 3min 后（即经过放电后少许时间）才可进行。

（8）更换电容器的保险丝，应在电容器没有电压时进行。故进行前，应对电容器放电。

2. 故障处理

（1）当电容器喷油、爆炸着火时，应立即断开电源，并用沙子或干式灭火器灭火。

（2）电容器的断路器跳闸，而熔丝未熔断。应对电容器放电 3min 后，再检查断路器、电流互感器、电力电缆及电容器外部情况。若未发现异常，则可能是由于外部故障或电压波动所致，可以试投，否则应进一步对保护做全面的通电试验。

（3）当电容器的熔丝熔断后，应向值班调度员汇报，取得同意后，再切断电源。对电容器放电后，先进行外部检查，如套管的外部有无闪络痕迹、外壳是否变形、漏油及接地装置有无短路等，然后用摇表摇测极间及极对地的绝缘电阻值。如未发现故障迹象，可换熔丝继续投入运行。如经送电后熔丝仍熔断，则应退出故障电容器。

（4）处理故障电容器应先断开电容器的断路器，拉开断路器两侧的隔离开关。由于电容器组经放电电阻放电后，可能部分残存电荷不能马上放完，仍应进行一次人工放电。放电时先将接地线接地端接好，再用接地棒多次对电容器放电，直至无放电火花及放电声为止。尽管如此，在接触故障电容器前，还应戴上绝缘手套，先用短路线将故障电容器两极短接，然后手动拆卸和更换。

3. 电容器日常巡视的主要项目

① 监视运行电压、电流、温度。

② 外壳有无膨胀、渗漏油，附属设备是否完好。

③ 内部有无异音。

④ 熔丝是否熔断，放电装置是否良好。

⑤ 各处接点有无发热及小火花放电。

⑥ 套管是否清洁完整，有无裂纹、闪络现象。

⑦ 引线连接处有无松动、脱落或断线，母线各处有无烧伤、过热现象。

⑧ 室内通风、外壳接地线是否良好。

⑨ 电容器组继电保护运行情况。

二、高压、中压无功补偿

高压无功补偿主要是改善高压侧供电状况，对提高供电系统功率因数效果明显，投资相对较低，但对于降低短网的无功损耗，提高电石炉变压器的出力没有任何帮助，适用于自备电厂集中建站、集中补偿。

中压无功补偿也可改善高压侧供电状况，对提高供电系统功率因数效果明显，其优缺点如下。

1. 中压补偿优点

设备简单，投资少，集中补偿，占地空间较小。

2. 中压补偿缺点

（1）能够提高供电线路的功率因数，避免电力部门的力率电费罚款，但是不会改变无功电流在短网和变压器低压侧的流转和耗能，不能提高变压器的有功出力，不能改变三相不平衡的运行工况。

（2）补偿精度不高。靠人工控制投切，在操作时，从观察功率因数的变化，到了解负荷变化，再选择各组电容器容量，最终采用投切电容器，操作人员的判断与实际情况必然存在较大时差，出现该投未投，该切未切的情况。因此人工操作投切，费时费力，补偿容量都只能采用大组的方法，一般都是上千伏安一组，无法实现小组投切，如此必然使投切容量过大，同样影响补偿精度，另外，由于高压操作的危险性，同样使操作人员尽量减少投切的操作频度，客观上极难做到投切随时。

（3）传统的人工控制补偿手段由于存在上述问题，显然已无法满足电网安全、设备高效、经济效益优化的现代化企业管理要求。尤其是各地对企业用电功率因数与电压合格率提高标准后，人工控制手段的落后更为明显。

（4）目前高压补偿采用的控制器，对于高压电网，不能实现频繁投切。

三、低压无功补偿

低压侧无功补偿在提高功率因数的同时，可提高电石炉变压器的有功功率，降低变压器及短网的无功损耗。目前，电石炉采用的有常规低压无功补偿装置、变压器升压无功补偿装置。

（一）常规无功补偿装置

1. 低压无功补偿优点

（1）方便维护，电气元件容易更换。三相分开控制，根据各相电极的无功损失分相进行补偿。

（2）由于电石炉整个配电网中，最大的无功消耗在短网上，当低压补偿补偿了低压侧短网的无功功率后，同样能够提高供电线路的功率因数，避免电力部门电费罚款（功率因数＜0.9时，电力公司对用电单位进行处罚）。

（3）提高变压器的有功输出能力，提升变压器二次电压，有利于电石炉电极的下插。单相控制、分相动态补偿可达到三相功率平衡，使电石炉的功率中心、热力中心和炉膛中心重合，使坩埚扩大，热量集中，提高炉面温度，使炉内反应加快，达到降耗和增产的目的，增加了电石炉的使用寿命。

2. 低压无功补偿的缺点

投资大，电容器、投切开关及其配件的寿命短，损坏严重，运行费用高。

3. 低压无功补偿后的电极电流问题

低压补偿后，高压侧的电流和电极电流不是原来电石炉变压器各挡位变比关系，实际的电极电流高于原来通过电流表计算出来的电流值，因此，上低压无功补偿后，应对电极电流进行实际测量。

（二）变压器升压无功补偿装置

采用三台单相补偿变压器连接至低压短网，通过有载调压系统控制电容器两端电压，二次输出电压均可控制在8～10kV，并使用10kV金属铝箔式电容器对电石炉进行补偿。

1. 变压器升压无功补偿优点

（1）变压器可自动调节与控制　当二次侧无电流时，二次电压为8kV，投入后根据功率因数自动调整输出电压，以调整输出容量。三相平均功率因数低于0.92，控制器使变压器电压自动升高，当功率因数达到0.98以上时，控制器自动降压。变压器输出电压不得高于10kV，高于10kV，挡位自动降低。配置变压器过流保护，当变压器内部出现短路状况时，一次侧电流增大，保护装置使主变压器（炉变）侧跳闸。电容器采用三角形连接解决三相不平衡问题。

（2）故障率低，可实现免维护　此补偿方式可解决电容器发热安全隐患问题，同时有效提高电容器使用寿命、降低维护工作量，并减小短网损耗，提高电石炉效率和设备稳定性。通过主回路中的阻容保护及电感参数的选择，有效保障了设备安全运行并达到免维护运行。采用高阻抗无局放补偿变压器，调节深度达到40%，降低投入条件，并保证设备运行安全；升压补偿装置无电气元件损坏现象发生，后期可实现免维护。

2. 与常规低压补偿装置对比

（1）常规低压补偿装置采用低压自愈式补偿电容器，在使用过程中经常会出现发热、电容器鼓胀、烧损，甚至有着火事件发生。而且其他电气元件（如接触器、可控硅、熔断器、断路器等）也容易损坏。变压器补偿装置运行可靠，免维护，电气元件运行稳定，保护系统比较完善，无需更换配件，节约后期维修费用。运行补偿效果显著，操作方便可靠。

（2）常规低压无功补偿装置各元件放置在柜体内，因环境影响，柜体内粉尘较多，需要定期吹扫，清理积灰。变压器补偿装置将开关柜、电抗器、中压电容器放置在密封空间内（房间），可加装空调降温，补偿变压器与电炉变压器并放，不受环境粉尘影响。

（3）常规低压无功补偿装置占地面积较小，重量较轻，对场地空间有利。变压器补偿装置体积较大，安装占地面积较大，重量较大，需求场地空间较大。

（4）控制方式不同，常规低压补偿装置是根据补偿功率因数变化，随时调节补偿容量，自动或手动投切电容器，使电容器的投切存在动态变化，致使接触器、熔断器等元件容易损坏。变压器补偿装置是根据补偿功率因数变化，调节补偿变压器有载分接开关进行调压，通过调压方式实现补偿效果，对电容器及其他电气元件损害较小。

就目前技术来看，变压器无功补偿装置，技术先进，补偿效果较好，设备能实现免维护，操作控制方便，保护装置可靠；与常规低压无功补偿装置相比，变压器无功补偿装置优势明显，效果显著，可节省后期维护费用。

第七章

环境保护与能源管理

第一节　环境保护

目前，电石行业普遍存在高耗能、高污染的现状，根据《中华人民共和国环境保护法》《中华人民共和国大气污染防治法》等环境保护法律、法规和《大气污染物综合排放标准》（GB 16297—1996）、《工业炉窑大气污染物排放标准》（GB 9078—1996）、《固体废物污染环境防治法》（2016 修订版）、《污水综合排放标准》（GB 8978—1996）等标准、规范要求，在日常生产设备运行过程中，需做好各项环境保护工作。本章重点从固废处理、有组织排放控制、无组织排放控制、清洁生产标准等方面作简要介绍。

一、固废处理

电石生产最大的环境问题主要为扬尘污染，重点包括无组织地面污染源、物料筛分、输送过程中产生的扬尘和放灰过程中产生的扬尘，可采用收尘集气装置和布袋除尘器将各点位产生的扬尘进行统一收集，再通过气力输送装置统一输送，较大程度地降低扬尘污染。

电石炉在日常生产运行过程中，主要产生的固废种类为石灰粉末、炭材粉末、石灰石细料、炭材烘干灰、电石炉气净化灰、其余混合灰等。

1. 石灰粉末

石灰石经石灰窑烧制成石灰，在石灰筛分过程中产生的筛余物石灰粉末（主要成分为 CaO），一是通过添加黏合剂，经石灰压球装置制成粒度约 5cm 的石灰球，可二次入炉重新作为原材料利用；二是如配套有电厂，可以将石灰粉末送入脱硫石膏制浆站，作为电厂脱硫剂使用。

2. 炭材粉末

炭材筛余物为粉末（主要成分为碳），可通过添加黏合剂，经焦粉压球装置制成粒度约为 5cm 的焦球，二次入炉重新作为原材料使用；另外，一部分焦粉可用来垫电石锅锅底，防止铁水将锅底烧穿。

3. 石灰石细料

石灰石细料主要由石灰石上料筛分后产生（主要成分为 $CaCO_3$），可外售给建材厂、水泥厂做脱硫剂或生产水泥使用。

4. 炭材烘干灰

炭材烘干灰为炭材出料过程中收尘后产生的灰，可输送至自备电厂和煤粉掺烧使用，进一步节能降耗，同时减少了固废产生量。

5. 电石炉气净化灰气力输送、焚烧系统

电石炉净化灰返炉燃烧系统包括密封式净化灰收集仓、气力输送发送器、密封式下料仓、输送气源及混流室；向密封式净化灰收集仓与气力输送发送器内输入氮气且使二者连通，气力输送管连接密封式下料仓与气力输送发送器，且气力输送管也通入氮气，输送气源为终端输送的压力源，其能够直接对来自电石生产设备的净化灰进行现场输送回收，克服了净化灰因高温、易燃易爆、粘连等特性而带来的回收输送难的问题，实现现场输送的顺畅、无堵塞；免去了净化灰回收利用的运输费用，提高产值，增加收益，此外还可达到节能效果。

6. 其余混合灰

其余混合灰主要有电石炉上料、出炉烟尘、净化灰二次焚烧排渣或其他产尘点集气收集后产生的灰，因成分较复杂，暂不具备综合利用价值或无其他综合利用途径，故可填埋至固废堆场或交由其他固废处置厂家委托处置。

二、有组织排放控制

有组织排放要求主要针对废气处理系统的安装、运行、维护等过程。

（1）污染治理设施应与产生废气的生产工艺设备同步运行，保证在生产工艺设备运行波动情况下仍能正常运转，实现达标排放。

（2）污染治理设施运行应在满足设计工况的条件下，根据工艺要求，定期对设备、电气、自控仪表及构筑物进行检查维护，确保污染治理设施可靠运行。

（3）加强除尘设备巡检，消除设备隐患，保证正常运行。袋式除尘器应定期更换滤袋，除尘器定期检修维护极板、极丝，振打清灰装置。

三、无组织排放控制

电石生产过程中应重点加强无组织排放管理，严格控制各类工业炉窑生产工艺过程及相关物料储存、输送等无组织排放，在保障安全生产的前提下，采取密闭、封闭等有效措施，有效提高废气收集率，产尘点及车间不得有可见烟粉尘外逸。产尘点

（装置）应采取密闭、封闭或设置集气罩等措施。

石灰、烘干灰、除尘灰等粉状物料应密闭或封闭储存，采用密闭皮带、封闭通廊或密闭车厢、罐车、气力输送等方式输送。粒状、块状物料应采用入棚入仓或建设防风抑尘网等方式进行储存；粒状物料应采用密闭、封闭等方式输送。物料输送过程中产尘点应采取有效抑尘措施。

1. 原燃料储存与运输

（1）炭材、石灰石、原煤等原料、燃料料场（仓、棚、库）应采用封闭、半封闭形式，或设置不低于堆存物料高度 1.1 倍的围挡并采取洒水或覆盖等抑尘措施。

（2）炭材干燥筛分后的炭粉末、石灰筛分粉末等粉状物料转运应密闭输送。物料转运应在产尘点设置集气罩，并配备除尘设施。

（3）电石堆场应在四周设置不低于堆存电石高度 1.1 倍的围挡。电石在贮存和转运过程中应采取抑尘措施。

（4）废电极头暂存于厂区，应封装后在料库贮存。

2. 电石工序

（1）电石生产车间不应有可见烟尘外逸。

（2）电石炉出炉口烟气应设置集气罩，并配备除尘设施。

（3）电石炉烟气应经污染治理设施处理后经排气筒达标排放。

3. 其他工序

（1）各种物料的破碎、筛分过程应在封闭厂房内进行。

（2）石灰、炭材等破碎筛分设备，在进、出料口等产尘点应设置集气罩，并配备除尘设施。

（3）配料、混料过程中，产尘点应设置集气罩，并配备除尘设施。

4. 除尘灰

（1）除尘器应设置密闭灰仓并及时卸灰，除尘灰不得直接卸落到地面。

（2）除尘灰在厂区内应密闭贮存，电石炉炉气净化除尘灰如不能进行综合利用，需采用焚烧方式进行无害化处置。

（3）除尘灰如采用车辆外运，在装车过程中应使用防尘系统，并对运输车辆进行遮盖，或采用专用罐车等方式运输。

（4）除尘灰处置场应采取防止粉尘污染的措施，其处理过程应满足 HJ2035—2013 的要求。

5. 路面硬化

厂区道路、原料、燃料及电石堆场路面应硬化。道路采取清扫、洒水等措施来保持清洁。

生产工艺设备、废气收集系统以及污染治理设施应同步运行。废气收集系统或污染治理设施发生故障或检修时，应停止运转对应的生产工艺设备，待检修完毕后共同投入使用。

企业可通过工艺改进等其他措施实现等效或更优的无组织排放控制目标。因安全因素或特殊工艺要求不能满足标准规定的无组织排放控制要求，可采取其他等效污染控制措施。

四、电石行业清洁生产标准

电石行业清洁生产标准见表 7-1。

⊡ **表 7-1 电石行业清洁生产标准**

清洁生产指标等级		一级	二级	三级
基本要求		1. 符合《产业结构调整指导目录（2019 版）》规定的内容 2. 符合《电石行业准入条件》规定的内容 3. 原料质量要符合工艺要求		
原料准备工艺与装备	石灰贮存、运输	有专门的卸料及堆放场所，CaO 的含量和块度应符合生产工艺要求，由输送机输送；扬尘点设除尘装置		
	炭材贮存、运输	有专门的堆放场所，贮斗具备防雨雪设施，进料斗等扬尘点设除尘设备		
	炭材破碎、筛分	按工艺要求破碎筛分；筛余物应回收，设除尘设备		
	炭材烘干	烘干装置符合生产能力要求，炭材的水含量达工艺要求，尾气含尘回收达标排放		
	电极糊储存	有专用的储存场所，按品种批量存放		
电石生产工艺与装备	电石炉（埋弧式电石炉）	密闭式	密闭式、内燃式	
	电极系统	电极升降、压放及把持系统必须采用先进的液压自动调节系统		
	加料方式	采用自动配料、加料系统，有除尘设备		
	控制方式	采用微机等先进控制系统		
	炉气利用	全部回收利用		
	电石破碎与包装	符合 GB 10665—2004 的要求，扬尘点设除尘装置，电石粉尘集中处理		
电石综合能耗（标煤/电石）/（t/t）		≤1.05	≤1.1	≤1.2
电石炉电耗/（kW·h/t）		≤3050	≤3250	≤3400
焦炭（干基折 FC84%）单耗（折标煤）/（t/t）		≤0.544	≤0.583	≤0.63
石灰（折 CaO92%）单耗/（t/t）		≤0.900	≤0.970	≤1.050
电极糊单耗/（t/t）		≤0.020	≤0.025	≤0.030
水（新鲜水）单耗（冷却用）/（t/t）		≤0.80	≤1.0	≤2.0
平均发气量/（L/kg）		≥305	≥290	≥280
杂质含量		按照 GB 10665—2004 执行		

清洁生产指标等级	一级	二级	三级
电石炉炉气粉尘/（t/t）	≤0.060	≤0.070	≤0.075
出炉口烟气粉尘/（t/t）	≤0.004	≤0.005	≤0.020
烘干窑尾气粉尘/（t/t）	≤0.020	≤0.025	≤0.035
电石炉炉气粉尘利用率/%	100		
炭材烘干窑尾气粉尘利用率/%	100		
出炉口烟气粉尘利用率/%	100		
排放要求	符合国家和地方有关法律、法规，污染物排放达到国家和地方排放标准、总量控制要求，排污许可证符合管理要求		
组织机构	设专门环境管理机构、相应的清洁生产组织机构和专职管理人员		
环境审核	1. 按照 GB/T 24001—2016 建立并运行环境管理体系，环境管理手册、程序文件及作业文件齐备 2. 近三年无重大环境污染事故		1. 没有按照 GB/T 24001—2016 标准建立环境管理体系 2. 近三年无重大环境污染事故
废物处理处置	用符合国家规定的废物处理方法处置废物；要严格按照相关规定进行危险废物管理，建立危险废物管理制度		

生产过程环境管理	原料用量及质量	规定严格的检验、计量措施，统计原始记录	
	岗位培训	所有岗位进行清洁生产相关内容的培训并考核合格	
	生产设备的使用、维护、检修管理制度	有完整的管理制度，并严格执行	
	生产工艺用水、用电管理	所有环节安装计量仪表进行计量，并制定严格定量考核制度	对主要环节安装计量仪表进行计量，并制定定量考核制度
	事故、非正常生产状况应急	有具体的应急预案	
相关环境管理		对原辅料供应方、生产协作方、相关服务方等提出环境管理要求	

第二节　能源管理

一、电石行业节能工作的意义

众所周知，电石生产属于传统煤化工工业，世界电石工业已有 120 多年的发展史，发展至今，装置和操作控制技术都有了前所未有的改进和提升，但其生产工艺一直都是沿用技术陈旧的电弧法，该法生产简单，易于掌握，但是在电石生产过程中会消耗大量的电能、焦炭和石灰等能源和资源，并向周围排放大量的烟尘及固体废弃物，不仅造成能源的流失、资源的浪费，还带来严重的环境污染问题。

随着产能迅速增长，行业也一度出现了盲目发展、投资过热的问题，并被列入七大产能过剩行业，成为重点调控对象。2004 年、2007 年和 2014 年，我国先后 3 次颁布了《电石行业准入条件》，不断提高行业准入门槛，以遏制低水平重复建设和盲目扩张。随着 2015 年《中华人民共和国环境保护法》的颁布和实施，环保要求愈加严格，新环境保护法提出对污染排放不达标、不符合产业政策要求的企业予以关停的要求，但在我国当前电石行业总体产能利用率不到 60％的市场环境下无疑是雪上加霜。节能减排工作和环境保护相辅相成，虽然近年来，很多电石企业不断进行技术创新和淘汰落后产能等工作，使能耗有所下降，环境治理工作有所改善，但固废没有综合利用，节能减排和环境保护工作依然是制约企业生产发展的瓶颈问题。

二、建立能源管理中心

1. 建立能源管理中心的背景

深入开展节能减排工作，不仅是电石企业自身健康发展的需要，更是国家经济发展和产业政策的迫切要求，如何提升电石生产能源管理工作已是各电石企业一项重要工作。通过对国内部分电石企业现场调研，存在的主要问题如下。

（1）电石生产没有形成综合的自动化监控系统，生产控制以各自的 PLC 系统为主，信息没有很好地保存与共享，接口复杂，统一性差。

（2）各类远程监控信息不全，不能及时共享，计量点的设置仅考虑了计量收费的要求，对能源（水、气、电等）消耗统计核算带来不便，存在能源浪费现象，更难于满足集中管理和生产系统整体优化调度平衡的要求。

（3）生产过程计量器具配置不完善，生产系统的主要用能设备计量器具配置及校验相对不足，不能满足及时监控、远程监控的需要。

（4）能源管理工作分散，能源统计工作繁杂，各类生产经营统计报表统计时间不统一，流转程序较为复杂，所以对能源消耗和产量的统计存在着不同程度的偏差。

2. 建立能源管理中心的意义

（1）完善能源信息采集、存储、管理与利用　完善的能源信息采集系统，便于获得生产现场能耗的第一手资料，实时掌握生产系统的运行情况，及时采取调度措施，使生产尽可能保持在最佳状态，并将事故的影响降低到最低。

（2）优化能源管理流程，建立客观能源消耗评价体系　生产能源调度管理平台的建设，可实现在信息分析的基础上的能源监控和能源管理的流程优化再造，实现能源质量管理、运行管理、耗能设备运行工况等管理的自动化与无纸化。通过能耗数据的实时监控，企业可以建立能源消耗评价系统，减少能源管理的成本投入，提高能源管理的效率，明确今后能源管理的方向与节能目标，制定节能技术和管理措施。

（3）建立生产能源调度管理平台　平台的建成，将会优化能源管理方式、方法，改进能源平衡技术手段，实时掌控生产能源的需求及消耗情况，减少能源的排放，改善生产区域的工作环境，提高能源的综合利用水平。

（4）提升能源管理工作水平　生产能源调度管理平台的建设，不仅解决能源实时平衡管理和监控管理，还对大量的历史数据进行归档管理，为进一步挖掘数据、分析规律创造了条件，为开展能源对标管理提供了有效的数据依据，同时也为节能项目实施结果的客观评价提供依据。

（5）能源管理的自动化与无纸化　通过能耗数据的实时监控，企业可以建立能源消耗评价系统，减少能源管理的成本投入，提高能源管理的效率，明确今后能源管理的方向与节能目标，因此该系统的建设符合强化管理、优化能源管理流程、节能减排、降本增效的要求，使企业的能源管理水平符合国家、地方、企业发展的需要。

第三节　节能技术

一、高效节能烘干技术

炭材烘干采用高效节能立式烘干窑技术。立式烘干窑（图 7-1）采用钢结构外壳，内衬保温材质保温，窑内采用多层高温铸件，相互交叉重叠，上、中、下各有关部件设若干组振动、截流、温控、智能控制系统，水蒸气、烟气经引风机旋风式收尘器收尘排除。立式烘干窑的关键技术是控制物料在烘干机各区域流速和停留时间，使热烟气与物料充分对流、辐射、传导换热，使物料在烘干机内尽可能分散，以提高热烟气与物料接触面积。同时，采用物料烘干参数优化微机软件技术，对预热带、烘干带、干燥带三个区域的气体温度进行在线检测，并对系统的供热能力、引风量、二次热风分布和供热能力、物料截流量及停留时间等系统参数进行在线调整，实现系统的动态优化平衡，提高系统热能利用率。

立式烘干窑采用热风炉尾气配风作为烘干热源，由进料输送系统将物料送至烘干窑进料口，依靠物料的自身重力，通过布料器、分料锥将物料分散布于烘干机周围，形成环形物料层，热风由引风机牵引透过环形湿料层进行热交换，当物料水分达到设定值后，输送设备开始自动出料、补料，全过程智能化检测，循环补充，连续生产。

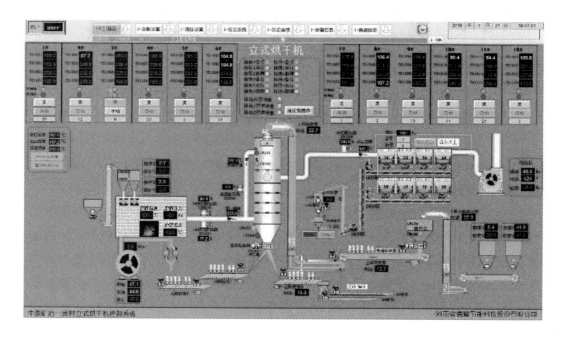

图 7-1 立式烘干窑

二、净化灰焚烧技术

电石炉净化灰采用正压浓相气力输送系统，在起始端（发送端可以是料仓或者除尘器灰斗）将净化灰与输送气体进行混合，然后以正压气流通过管道输送散装物料，在输送末端（接收端可以是料仓或者反应器）进行气体和物料的气固分离，从而将净化灰在密闭管道内进行输送和转运。

电石净化除尘灰集中储存后，用罗茨风机作为将净化灰输送至焚烧炉的气源，罗茨风机的出气口可以连通焚烧炉的燃烧仓，将回收的净化灰作燃料使用，使混氮净化灰高速而流畅地通过输送管被输送出去。为合理调整进入混流室的净化灰量，在储灰仓下料口安装调节阀，混流室与调节阀呈垂直状态，通过调节阀调节进入混流室的净化灰量。

净化灰焚烧系统示意图见图 7-2。

三、炭材除尘灰利用技术

炭材烘干过程产生的除尘灰、筛余物因其颗粒细、密度小，在放灰时容易产生扬尘。同时，炭材烘干除尘灰、筛余物固定碳含量高达 70％以上，热值达到 25MJ/kg以上，远远超出电厂动力煤热值要求，是一种优质的可回收能源。

炭材除尘灰、筛余物采用正压浓相气力输送系统，将电石生产中产生的炭材除尘灰、筛余物通过物料发送装置以及一级、二级、三级中转仓，输送至电厂终端储灰仓，实现炭材筛余物、除尘灰集中收集、运输、储存。通过与电厂动力煤按照一定比例混合送至锅炉内进行充分燃烧，作为电厂发电燃料，达到节能降耗的目的，发电煤耗可降低 $10g/(kW \cdot h)$ 以上。

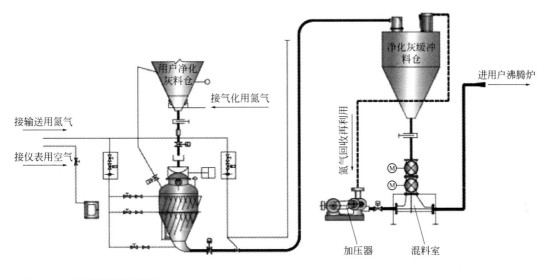

图 7-2　净化灰焚烧系统示意图

四、氮气回收技术

系统氮气通过气力输送装置中的氮气进气组件进入系统，通过压缩机增压后进入需要进行净化灰输送的输送点，打开输送泵的入料阀（过程见每条线的流程描述），将净化灰输送至接收仓中，接收仓仓顶装有布袋除尘器，进行气固分离，分离后的气体压力大致为微正压（考虑接收仓仓顶除尘器气体出口与压缩机的距离，保证压缩机气源压力）。通过回收管路回到压缩机前的储气罐中，进行下一个循环。氮气回收管路中安装有含氧分析仪，分析仪带有输出反馈，当氧含量超过设定值，报警反馈，进行补氮气操作，直到氧含量降到设定值内。氮气回收系统见图 7-3。

五、气力输送技术

1. 气力输送装置

（1）吸送式气力输送装置　吸送式气力输送装置采用罗茨风机或真空泵作为气源设备，取料装置部件多为吸嘴、诱导式接料器等，最常见的工艺布置系统如图 7-4 所示。气源设备装在系统的末端，当风机运转后，整个系统形成负压，由管道内外存在的压力差将空气吸入输料管。与此同时物料和一部分空气便同时被吸嘴吸入，并被输送到分离器。在分离器中，物料与空气分离。被分离出来的物料由分离器底部的旋转式卸料器卸出，而未被分离出来的微细粉粒随气流进入除尘器中净化，净化后的空气经系统中配置的消声器排入大气。

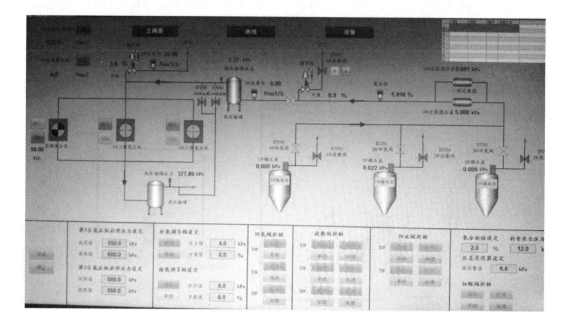

图7-3　氮气回收系统

（2）压送式气力输送装置　压送式气力输送装置有低压压送式气力输送装置、高压压送式气力输送装置、流态化压送式气力输送装置及脉冲栓流式气力输送装置等各种类型。不论是上述何种类型的装置，其气源设备均设在系统的进料端。由于气源设在系统的前端，物料便不能自由流畅地进入输料管，而必须采用密封的供料装置。为此，这种装置系统的供料部件较吸送式复杂。当被输送的物料被压送到达输送目的地后，物料在分离器或贮仓中分离并通过卸料装置卸出，压送的空气则经除尘器净化后排入大气。图7-5为低压压送式气力输送装置的典型系统。

（3）混合式气力输送装置　将吸送式气力输送装置与压力式气力输送装置相结合称为混合式气力输送装置。例如，物料从吸嘴进入输料管吸送到分离器，经下部的卸料器卸出（它又起压送部分的供料器作用）并送入压送输料管。从分离器出来的空气经风管进入风机，经压缩后进入输料管将物料压送到卸料地点。物料经卸料器排出，而空气则经除尘净化后经风管消声器排入大气中。

混合式气力输送装置兼有吸送式和压送式装置的特点。可以从数处吸料压送到较远之处，但它的结构较复杂，气源设备的工作条件较差，易造成风机叶片和壳体的磨损。

各类气力输送装置的比较见表7-2。

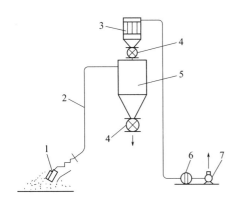

图7-4 吸送式气力输送装置

1—吸嘴；2—输料管；3—袋滤器；4—旋转式卸料器；

5—分离器；6—过滤器；7—气源

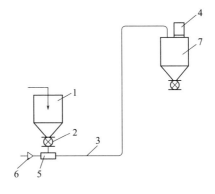

图7-5 低压压送式气力输送装置

1—贮料仓；2—旋转卸料器；3—输料管；4—排放袋滤器；

5—喷射给料器；6—气源；7—分离器

▫ **表7-2 各类气力输送装置的比较**

输送形式	优点	缺点	适用场合
吸送式	1. 易于取料，适用于要求取料不发尘的场合 2. 适用于从低处、深处或狭窄取料点以及由几处向一处集中送料的场合 3. 由于气源设在系统的最末端，润滑油或水分等不会混入被输送物料 4. 由于输料管系统内压力低于大气压力，所以即使产生磨损和存在间隙时，被输送物料也不会泄漏外逸 5. 由于输送系统内压低于大气压力，水分易蒸发，所以对水分多的物料也较压送式容易输送	1. 一般工作真空度小于 0.05MPa，故输送量和输送距离不能同时取大值 2. 在气源之前应设置性能良好的分离和除尘设备 3. 由于气源设备用于吸送膨胀了的空气从而带来设备大型化，价格较昂贵 4. 分离器下的卸料器易泄漏而造成系统工作不正常，应考虑气密性好的卸料器	1. 从船舱中卸料 2. 食品工业、化学工业中输送 3. 粉煤灰输送 4. 有毒物料输送
低压压送式	1. 适用于从一处向数处的分散输送 2. 因为系统处于正压，所以在系统的连接处即使有缝隙，大气或雨水也不会侵入 3. 由于系统内部是正压，物料易从排料口卸出	1. 供料较吸送式困难，应根据被输送物料的物性和输送参数选择和设计合适的供料装置 2. 若将罗茨风机作为气源时，压力不能达到很高，故输送量和输送距离不能同时取大值	1. 一般工业部门 2. 石油化学工业部门（特别是用氮、二氧化碳气体输送） 3. 粒状料或片料输送

输送形式	优点	缺点	适用场合
高压压送式	1. 由于使用排气压力高的气源设备，故输送条件即使有所变化仍可实现输送 2. 在较细的输料管中可进行高混合比输送，输送效率较高 3. 由于输送所需风量小，故分离器、除尘器结构尺寸小 4. 对存在背压的场所也可输送	1. 属密闭式压力容器的仓式发送，若作为连续输送系统时应在发送罐的前部设置中间料斗 2. 粉料在发送罐中由于压力作用可直接输送，然而，对粗粒状物料应在发送罐下部设置旋转式或螺旋式供料器 3. 当发送罐的容积大于或等于 $0.025m^3$，输送压力高于 0.1MPa；发送罐的内径大于 150mm，可作为压力容器	1. 长距离、大容量输送（水泥、铝矾土） 2. 对高压容器的供料输送（煤粉、催化剂）
栓流压送式	1. 由于低输送风速、高浓度输送，物料破碎少 2. 输料管磨损小 3. 输送风量小，故分离、除尘设备简单 4. 由于输送浓度高，故输送管径较小 5. 能耗较低	1. 是利用空气的静压推动输送，压力需要较高 2. 为了节省输送风量，气源应作合理选定。然而，当输送条件变化时则无调节的余量 3. 对粒径大于 2mm 的粒料，由于输送压力从粒子的间隙中泄漏，影响了输送的可靠性	1. 对易碎粒料的输送（晶状粒料） 2. 粒径小于 2mm 的粒料输送

2. 气力输送的优缺点

气力输送的输送机理和应用实践均表明它具有一系列的优点：输送效率较高，设备构造简单，维护管理方便，易于实现自动化以及有利于环境保护等。特别是用于工厂车间内部输送时，可以将输送过程和生产工艺过程相结合，有助于简化工艺过程和设备。为此，可大大地提高劳动生产率和降低成本。

概括起来，气力输送有如下优点。

① 输送管道能灵活地布置，从而使工厂设备、工艺配置合理。

② 实现散料输送，效率高，降低包装和装卸运输费用。

③ 系统密闭，粉尘飞扬逸出少，环境卫生条件好。

④ 运动零部件少，维修保养方便，易于实现自动化。

⑤ 能够避免物料受潮、污损或混入其他杂物，可以保证输送物料的质量。

⑥ 在输送过程中可以实现多种工艺操作，如混合、粉碎、分级、干燥、冷却、除尘和其他化学反应。

⑦ 可以进行由数点集中送往一处或由一处分散送往数点的远距离操作。

⑧ 对于化学性能不稳定的物料，可以采用惰性气体输送。

然而，与其他输送形式相比，其缺点是动力消耗大，由于输送风速高，易产生管道磨损和被输送物料的破碎。当然，上述不足之处在低输送风速、高混合比输送情况下可得到显著改善。此外，被输送物料的颗粒尺寸也受到一定的限制。当颗粒尺寸超过 30mm，或物料的黏结性、吸湿性强，其输送较困难。

3. 气力输送流程

气力输送流程见图 7-6。

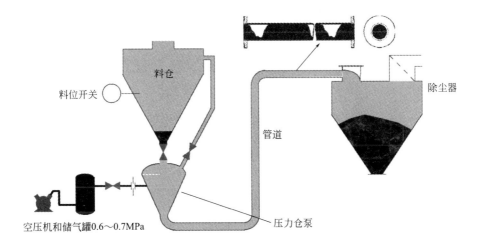

图 7-6　气力输送流程图

具体流程：物料→储灰仓→仓泵→输送介质（压缩空气或氮气）→输送管道→终端储灰仓→二次利用。

第八章

质量控制措施

第一节　电石生产过程中质量控制

电石生产过程中的质量控制主要分为三个环节：原材料入厂质量控制、中间产品质量控制、产品质量控制。目前电石生产过程中对原材料、中间产品质量的主要控制项目基本一致，但由于各地区原料的充裕程度及电石生产企业控制习惯，在各检测指标上存在一定的差异。

原材料入厂质量控制中，主要对石灰石、石灰中的氧化钙含量、氧化镁含量、盐酸不溶物含量、铁铝氧化物含量、粒度、硫含量、磷含量；焦炭、兰炭的全水分、灰分、挥发分、固定碳、粒度、磷含量；电极糊中的挥发分、灰分进行检测控制。其中，石灰中氧化钙的含量直接决定后续电石生产过程中石灰的利用率，同时氧化镁、盐酸不溶物、铁铝氧化物等杂质不仅对生产控制造成影响，同时增加生产过程中的电耗。焦炭、兰炭的全水分含量对后续的烘干有一定的影响。

原材料的质量检验应根据原材料供应商的质量波动情况，确定合理的检测频次，在质量发生波动时应增加检测频次。

中间产品质量控制主要对生产装置运行过程中的关键质量指标进行控制，要求数据分析迅速、准确。中间产品质量控制的项目主要有炭材烘干后水分含量、自产石灰生过烧含量、炉前电石发气量等。

炭材烘干后水分直接影响电石炉运行过程中氢气的含量，应重点进行监控。自产石灰生过烧含量对后续电石生产质量及电耗有重要的影响，同时也是石灰窑装置运行过程中管控的重要指标。炉前电石发气量的控制不仅决定出产产品的质量，也是电石炉运行控制的重要指标。

出厂产品质量控制，主要对出厂电石发气量、磷化氢含量、硫化氢含量进行控制。

出厂产品根据质量情况，区分产品品级，便于后续的销售、使用。

第二节 原材料、中间产品及成品的主要检测方法

一、石灰石的测定

（一）石灰石中氧化钙含量的测定

1. 方法提要

试样经盐酸分解，用氢氧化钾调节 pH 大于 12.5，以钙羧酸作指示剂，用 EDTA 标准溶液滴定钙。pH≈10 时，以铬黑 T 作指示剂，用 EDTA 标准溶液滴定钙镁含量，用差减法求得氧化镁的含量。

2. 检测步骤

称取约 1g 试样，精确至 0.0001g，于 250mL 烧杯中，同时做空白实验。用少量水润湿试样，盖上表面皿，由烧杯嘴缓缓加入 25mL 盐酸（1+1），稍加摇动，待剧烈反应停止后，置于电热板上加热，微沸 10min，取下，用水冲洗表面皿及杯壁。稍冷，用慢速定量滤纸过滤，500mL 干净烧杯盛接。先用盐酸溶液（1+100）洗涤烧杯和残余物三次，再用热水洗至无氯离子。用硝酸银溶液（10g/L）检验。加 3～5 滴硝酸溶液（1+1），加热浓缩滤液至 200～250mL。煮沸，加 2 滴甲基红指示液（2g/L 乙醇），以氨水溶液（1+1）逐滴中和至滤液呈黄色，再过量 1mL。煮沸，保温稍许，沉淀下沉后用快速定量滤纸过滤，滤液以 500mL 容量瓶盛接，热水洗涤沉淀至滤液无氯离子。用硝酸银溶液（10g/L）检测，保留滤液，可用于测定氧化钙和氧化镁含量。

吸取 20.00mL 制备好的滤液置于 500mL 碘量瓶中，加 100mL 水、15mL 氢氧化钾（200g/L）溶液，使溶液 pH 值大于 12.5，加少许钙羧酸指示剂，搅匀。用 EDTA 标准滴定溶液滴定至溶液由酒红色变为纯蓝色为终点。

以质量分数表示的氧化钙（CaO）含量（X_1）按下式计算：

$$X_1 = \frac{C(V_2 - V_1) \times 0.05608}{m \times \dfrac{V_A}{V}} \times 100$$

式中　C——EDTA 标准滴定溶液的实际浓度，mol/L；

$\quad V_2$——EDTA 标准滴定溶液滴定钙的体积，mL；

$\quad V_1$——EDTA 标准滴定溶液滴定钙空白试液的体积，mL；

$\quad V$——试样溶液的总体积，mL；

$\quad V_A$——吸取试样溶液的体积，mL；

$\quad m$——试样的质量，g；

0.05608——与 1.00mL 标准滴定溶液 [C(EDTA) ＝1.000mol/L] 相当的，以克表

示的氧化钙质量。

（二）石灰石中氧化镁含量的测定

1. 方法提要

试样经盐酸分解，用氢氧化钾调节 pH 大于 12.5，以钙羧酸作指示剂，用 EDTA 标准溶液滴定钙。pH≈10 时，以铬黑 T 作指示剂，用 EDTA 标准溶液滴定钙镁含量，用差减法求得氧化镁的含量。

2. 检测步骤

吸取 20.00mL 制备好的溶液置于 500mL 锥形瓶，加 100mL 水、10mL 氨性缓冲溶液（pH≈10）、2~3 滴铬黑 T 指示液（5g/L）。用 EDTA 标准滴定溶液滴定至溶液由暗红色变为亮绿色为终点。

氧化镁（MgO）含量（X_2）按下式计算：

$$X_2 = \frac{C\left[(V_4 - V_3) - (V_2 - V_1)\right] \times 0.04030}{m \times \dfrac{V_B}{V}} \times 100$$

式中　C——EDTA 标准滴定溶液的实际浓度，mol/L；

　　　V_4——EDTA 标准滴定溶液滴定钙镁含量的体积，mL；

　　　V_3——EDTA 标准滴定溶液滴定钙镁含量空白试液的体积，mL；

　　　V_2——EDTA 标准滴定溶液滴定氧化钙的体积，mL；

　　　V_1——EDTA 标准滴定溶液滴定氧化钙空白试液的体积，mL；

　　　V——试样溶液的总体积，mL；

　　　V_B——吸取试样溶液的体积，mL；

　　　m——试样的质量，g；

0.04030——与 1.00mL EDTA 标准滴定溶液 [C(EDTA)＝1.000mol/L] 相当的，以克表示的氧化镁质量。

（三）石灰石中盐酸不溶物含量的测定——重量法

1. 方法提要

适用于化工用石灰石中盐酸不溶物含量的测定，测定范围为 0.5%~10%。试样经盐酸分解后过滤，残余物经灼烧，则为盐酸不溶物。

2. 检测步骤

称取约 1g 试样，精确至 0.0001g，于 250mL 烧杯中，同时做空白实验。用少量水润湿试样，盖上表面皿，由烧杯嘴缓缓加入 25mL 盐酸（1+1），稍加摇动，待剧烈反应停止后，置于电热板上加热，微沸 10min，取下，用水冲洗表面皿及杯壁。稍冷，用慢速定量滤纸过滤，500mL 干净烧杯盛接。先用盐酸溶液（1+100）洗涤烧杯和残余物三次，再用热水洗至无氯离子。用硝酸银溶液（10g/L）检验。将残余物与滤纸放入已恒重的坩埚中，烘干，灰化，置于高温炉中（950±25）℃灼烧 60min。取出坩埚，立即盖好坩埚盖，稍冷，放入干燥器中，冷却至室温，称量。重复灼烧

20min，直至恒重。

以质量分数表示的盐酸不溶物含量（x）按下式计算：

$$x = \frac{m_1 - m_2}{m} \times 100$$

式中　m_1——扣除空白后的残余物与坩埚质量，g；

　　　m_2——空坩埚的质量，g；

　　　m——试样的质量，g；

　　　x——盐酸不溶物含量，%。

（四）石灰石中三氧化二物含量的测定——重量法

1. 方法提要

本方法适用于化工用石灰石中三氧化二物含量的测定，测定范围为 0.5%～5%。试样经盐酸分解后过滤，滤液加硝酸煮沸，以甲基红作指示剂，氨水中和沉淀三氧化二物，放置稍许，过滤，沉淀物烘干、灰化、灼烧、称量。

2. 检测步骤

由测定盐酸不溶物得到的滤液，加 3～5 滴硝酸溶液（1+1），加热浓缩滤液至 200～250mL。煮沸，加 2 滴甲基红指示液（2g/L），以氨水溶液（1+1）逐滴中和至滤液呈黄色，再过量 1mL。煮沸，保温稍许，待沉淀下沉后用快速定量滤纸过滤，滤液以 500mL 容量瓶盛接，热水洗涤沉淀至滤液中无氯离子［用硝酸银溶液（10g/L）检测］。

将沉淀与滤纸放入已恒重的瓷坩埚中，烘干、灰化，置于高温炉中（950±25）℃灼烧 60min。取出坩埚，立即盖好坩埚盖，稍冷，放入干燥器中，冷却至室温，称重。重复灼烧 20min，直至恒重。

三氧化二物（R_2O_3）含量（x）按下式计算：

$$x = \frac{m_1 - m_2}{m} \times 100$$

式中　m_1——扣除空白后的三氧化二物和坩埚的质量，g；

　　　m_2——空坩埚的质量，g；

　　　m——试样的质量，g。

二、焦炭、兰炭全水分分析方法

1. 方法提要

称取一定质量的焦炭试样，置于预先鼓风的干燥箱中，于一定的温度下干燥至质量恒定，以焦炭试样的质量损失计算出水分的质量分数。

2. 检测步骤

用预先干燥并称量过的浅盘称取粒度小于 13mm 的试样约 500g（称准至 1g），铺平试样；将装有试样的浅盘置于 170～180℃的干燥箱中，1h 后取出，冷却 5min，称量。

全水分计算：

$$M_t = \frac{m - m_1}{m} \times 100$$

式中　M_t——焦炭试样的全水分含量，%；

　　　m——干燥前焦炭试样的质量，g；

　　　m_1——干燥后焦炭试样的质量，g。

三、焦炭、兰炭灰分的测定

1. 方法提要

称取一定质量的焦炭试样，逐渐送入预先升温至（815±10）℃的马弗炉中，灰化并灼烧至质量恒定，以残留物的质量占焦炭试样质量的百分比作为焦炭的灰分含量。

2. 检测步骤

用预先于（815±10）℃灼烧至质量恒定的灰皿，称取粒度小于 0.2mm 并搅拌均匀的试样（1±0.05）g（称准至 0.0002g），并使试样铺平。

将盛有试样的灰皿送入温度为（815±10）℃的箱形高温炉门口，在 10min 内逐渐将其送入炉膛恒温区，关上炉门并使其留有约 15mm 的缝隙，同时打开炉门上的小孔和炉后烟囱，于（815±10）℃下灼烧 1h。1h 后用灰皿夹或用坩埚钳从炉中取出灰皿，放在空气中冷却 5min，移入干燥器冷却至室温（约 20min），称量。

进行检查性灼烧，每次 15min，直到连续两次质量差在 0.001g 内为止，计算时取最后一次的质量，若有增重则取增重前一次的质量为计算依据。

分析试样的灰分计算：

$$A_{ad} = \frac{m_2 - m_1}{m_0} \times 100$$

式中　A_{ad}——空气干燥试样灰分，%；

　　　m_0——空气干燥试样的质量，g；

　　　m_1——灰皿的质量，g；

　　　m_2——灼烧后灰分和灰皿的质量，g。

四、焦炭、兰炭挥发分的测定

1. 方法提要

称取一定质量的焦炭试样，置于带盖坩埚中，在（900±10）℃下，隔绝空气加热 7min，以减少的质量占试样质量的质量分数，减去该试样的空气干燥基水分含量，作为该试样的挥发分含量。

2. 检测步骤

用预先于（900±10）℃温度下灼烧至质量恒定的带盖瓷坩埚，称取粒度小于 0.2mm 并搅拌均匀的试样（1±0.01）g（称准至 0.0001g），使试样摊平，盖上盖，放在坩埚架上。如果测定试样不足 6 个，则放上空坩埚补位。

打开预先升温至（900±10）℃的箱形高温炉炉门，迅速将装有坩埚的架子送入炉中的恒温区内，立即开动秒表计时，并关好炉门，使坩埚连续加热 7min。坩埚和架子放入后，炉温会有所下降，但必须在 3min 内使炉温恢复到（900±10）℃，并继续保持此温度到试验结束，否则此次试验作废。7min 后立即从炉中取出坩埚，放在空气中冷却约 5min，然后移入干燥器中冷却至室温（约 20min），称量。

分析试样的挥发分计算：

$$V_{ad} = \frac{m - m_1}{m} \times 100 - M_{ad}$$

式中　V_{ad} —— 分析试样的挥发分，%；

　　　m —— 试样的质量，g；

　　　m_1 —— 加热后焦炭残渣的质量，g；

　　　M_{ad} —— 分析试样的水分含量，%。

五、电极糊水分的测定

1. 方法提要

碳素材料的水分是指空气干燥试样加热至（110±2）℃时失去的水分。碳素材料在室温下连续干燥 1h 后试样的质量变化不超过 0.1%，则该试样称为空气干燥试样。

2. 检测方法

用预先干燥至质量恒定的称量瓶迅速称取粒度小于 0.5mm 并搅拌均匀的试样（3±0.05）g（称准至 0.0002g），平摊在称量瓶中。

将盛有试样的称量瓶开盖置于 105～110℃干燥箱中干燥 1h，取出称量瓶立即盖上盖，放入干燥器中冷却至室温（约 20min），称量。

进行检查性干燥，每次 15min，直到连续两次质量差在 0.001g 内为止，计算时取最后一次的质量，若有增重则取增重前一次的质量为计算依据。

分析试样全水分计算：

$$M_{ad} = \frac{m - m_1}{m} \times 100$$

式中　M_{ad} —— 分析试样的水分含量，%；

　　　m —— 干燥前分析试样的质量，g；

　　　m_1 —— 干燥后分析试样的质量，g。

六、电极糊灰分的测定

1. 方法提要

灰分是指碳素材料在（850±20）℃灼烧至恒重的残余物占原试样量的百分比。

2. 检测方法

在预先已恒重的瓷方舟内，称取 3g 试样，精确至 0.1mg。薄薄铺平，放在

（850±20）℃高温炉前边缘上进行预热，以后逐渐将瓷方舟移入恒温区内。灼烧 3h，取出瓷方舟放在石棉板上，在空气中冷却 5～10min，再放入干燥器内冷却至室温，称量。

注：试样灰分值大于 1% 时，称取 1g 试样。目前，电极糊灰分在 2.5% 左右，称取 3g 试样改为 1g 试样。

试样中灰分含量计算：

$$A_{ad} = \frac{m_2 - m_1}{m_0} \times 100$$

式中 　A_{ad}——空气干燥试样灰分，%；

　　　m_0——空气干燥试样的质量，g；

　　　m_1——瓷方舟的质量，g；

　　　m_2——灼烧后灰分和瓷方舟的质量，g。

七、电极糊挥发分的测定

1. 方法提要

在隔绝空气的情况下，将一定量的试样在规定的温度、时间下进行加热，按照损失总质量与蒸发水分损失之间的差来计算挥发分。

2. 检测步骤

将制备好的试样混合均匀，称取 3g 试样，精确至 0.0001g，放入预先于（900±20）℃下灼烧至质量恒定的中型瓷坩埚，轻轻敲击坩埚使试样摊平，盖上坩埚盖，放在坩埚架上。

迅速将装有坩埚的架子放入（900±20）℃马弗炉的恒温区内，同时启动秒表计时，迅速关好炉门，加热 7min，要保证坩埚放入炉内后炉温在 3min 以内恢复到（900±20）℃，否则此次试验作废。

加热 7min 后立即从炉中取出，在空气中冷却大约 5min，然后移入干燥器中冷却至室温后称量。

试样挥发分含量计算：

$$V = \frac{m_2 - m_3}{m_2 - m_1} \times 100 - W$$

式中 　V——试样挥发分含量，%；

　　　m_1——坩埚的质量，g；

　　　m_2——坩埚和试样灼烧前的质量，g；

　　　m_3——坩埚和试样灼烧后的质量，g；

　　　W——试样的水分含量，%。

八、电石发气量的测定

1. 方法提示

碳化钙与水反应生成乙炔气体，根据气体计量器测得的生成气体的体积，计算碳化钙的发气量。

2. 仪器

发气量测定装置如图 8-1 所示。

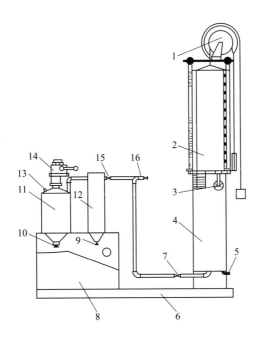

图 8-1　发气量测定装置示意图

1—配重补偿装置；2—钟罩；3—液面刻线；4—外桶；5—排液阀；6—底座；7—气路放水阀；8—箱体；9—放液阀；10—排渣；11—发生器；12—分离器；13—进水管；14—样品；15—连通阀；16—排气阀

3. 分析步骤

发气量的测定在发气量测定装置中进行。气体计量器内装有一定量的用乙炔气饱和的饱和食盐水，发生器内加入 2L 自来水，调好零点。称取粒度为 5~12mm、已拣出明显可见的硅铁块的碳化钙试样 50g，精确至 0.1g，迅速放入样品室内，立即关闭盖子并旋紧。转动手柄，将试样完全投入水中，待试样完全分解后（约 10min），平衡其压力，读取标尺数值，记录大气压力及气体计量器内温度。同一试样加一次水连续操作三次，第一次的结果不计，第二、三次试验的结果可用来计算在 20℃、101.3 kPa、干燥状态下的发气量。

4. 结果计算

发气量计算：

$$G = \frac{\alpha h(P-P') \times 293.2}{101.3 \times (273.2+T)}$$

式中　　G——发气量，L/kg；

　　　　α——气体计量器校正值，L/(kg·mm)；

　　　　P——大气压力的数值，kPa；

　　　　P'——温度 T 时饱和食盐水蒸气压力，kPa；

　　　　h——气体计量器标尺读数，mm；

　　　　T——时钟罩内温度，℃。

取两次平行测定结果的算术平均值为测定结果，两次平行测定结果绝对差值不大于 4L/kg。

九、石灰生过烧的检测方法

根据石灰遇水迅速反应生产氢氧化钙的原理，称取一定量的石灰在水中进行消化，未消化的部分则为未煅烧完全的生烧或过烧。

称取制备好的石灰试样 1.00kg，倒入装有 5kg 自来水的容器中，盖上盖子，静置消化 20min 后连续搅拌 2min，静置 10min 后连续搅拌 2min，再静置 10min 连续搅拌 2min 后全部通过标准圆孔筛（孔径为 3mm）过滤、洗涤，直到水流不浑浊，把筛内残渣转移到浅瓷盘内，在 100～105℃ 的电热恒温干燥箱中烘干 1h。冷却至室温后用标准圆孔筛（孔径为 3mm）筛分，筛分后称量筛中残渣重量。

生过烧总量（x）计算：

$$x = \frac{m_1}{m} \times 100$$

式中　　m_1——残渣质量，g；

　　　　m——试样质量，g；

　　　　x——生过烧总量，%。

第三节　检测标准国标目录

标准名称	标准编号
碳化钙（电石）	GB/T 10665—2004
电石用原材料技术条件	Q/ZTJ 0603.1—4—2014
化工用石灰石采样与样品制备方法	GB/T 15057.1—1994
化工用石灰石中氧化钙和氧化镁含量的测定	GB/T 15057.2—1994
化工用石灰石中盐酸不溶物含量的测定 重量法	GB/T 15057.3—1994

标准名称	标准编号
化工用石灰石中三氧化二物含量的测定 重量法	GB/T 15057.4—1994
化工用石灰石中二氧化硅含量的测定 钼蓝分光光度法	GB/T 15057.5—1994
化工用石灰石中铁含量的测定 邻菲罗啉分光光度法	GB/T 15057.6—1994
化工用石灰石中氧化铝含量的测定 铬天青 S 分光光度法	GB/T 15057.7—1994
化工用石灰石中硫含量的测定 硫酸钡重量法和燃烧—碘酸滴定法	GB/T 15057.8—1994
化工用石灰石中磷含量的测定 钼蓝分光光度法	GB/T 15057.9—1994
化工用石灰石中灼烧失量的测定 重量法	GB/T 15057.10—1994
化工用石灰石粒度的测定	GB/T 15057.11—1994
焦炭试样的采取和制备	GB/T 1997—2008
焦炭工业分析测定方法	GB/T 2001—2013
焦炭分析试样水分、灰分的快速测定	SN/T 1083.1—2002
焦炭中磷含量的测定	SN/T 1083.2—2002
焦炭中硫含量的测定　仪器法	SN/T 1083.3—2002
焦炭中全水分的测定方法	SN/T 1083.4—2012
炭素材料取样方法	GB/T 1427—2016
炭糊类检测试样制备方法	YB/T 5054—2015
炭素材料挥发分的测定	YB/T 5189—2007
炭素材料灰分含量的测定方法	GB/T 1429—2009

第四节　检测仪器设备

一、高温设备

工业分析仪见图 8-2。

图 8-2　工业分析仪

1. 工作原理与过程

本仪器进行样品的水分、灰分、挥发分测定，主要有以下两种工作模式。

（1）独立模式

用于单一指标的独立测试。

（2）组合模式

水分、灰分同测：系统先提示灰分称样，称量完毕系统自动启动进样，进样完成提示水分称样，称量完毕系统自动启动进样，水分、灰分并行测试。水分进样完成提示挥发分称样，等待水灰测试完毕启动挥发分试验流程。

水分、灰分连测：系统先提示称水分样品，称量完毕系统自动启动进样，然后提示称挥发分样品，水分试验称量计算完毕后，系统将已加热完的水分样品送入燃烧炉内进行灰分测定，灰分灼烧时间结束，出样至低温炉保温，冷却、称量计算、丢样，灰分试验结束，系统将挥发分样品送入恒温的燃烧炉内进行测定，直到试验结束。

2. 仪器主要特点

（1）高效率、低劳动强度

① 采用双炉结构，进行18个子样全指标测定，前一指标进样完毕，即可称量下一个指标样品，水分、灰分分析并行工作，互不影响。

② 前一批次18个子样的全指标分析完后，不用等待系统降温。选用快速分析法，1d（8h）可完成3批次54个样品全指标测定。

③ 每次试验，操作人员完成水分、灰分、挥发分三指标样品的称样后，便可离开，等待结果，人机交互次数减少，人机交互时间短，选择水分、灰分连测方式，只需称两次样品，人机交互时间更短。

（2）试验结果精密度、准确度高

完全符合国家标准 GB/T 212—2018《煤的工业分析方法》及电力行业标准 DL/T 1030—2006《煤的工业分析方法 自动仪器法》的要求。

（3）性能可靠、稳定

① 采用工业以太网通信，可靠性高。

② 采用独创的样品传送装置，机构运行平稳，样品在传送过程中有防掉落装置，工作稳定性能得到提高。

（4）操作友好、功能强大

全中文提示，操作简便，系统自动控温，且具有超温、热电偶断线、反接等自动报警和保护功能；数据自动换算、存储等。

3. 注意事项

（1）天平安装好后，不能移动天平位置，否则可能影响称量结果。

（2）称样过程，仪器周围不能有风源、震动源。

（3）挥发分实验后，注意查看坩埚是否出现开裂，若有裂缝建议当前实验作废，重新补做，且此坩埚不能继续使用。

（4）实验过程中，出现异常断电，恢复供电时，启动测控软件，可单击"确定"按钮恢复当前实验；否则，单击主界面中的"水灰/挥发分称量"，实验不可恢复。

二、破碎设备

锤刀式破碎机见图 8-3 。

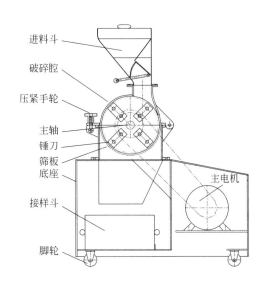

进料斗
破碎腔
压紧手轮
主轴
锤刀
筛板
底座
主电机
接样斗
脚轮

图 8-3　锤刀式破碎机

仪器为全密封高速破碎缩分一体机，是按照国家标准 GB 474—2008《煤样的制备方法》及 GB/T 19494.2—2004《煤炭机械化采样 第 2 部分：煤样的制备》研制的新产品，是煤质及生物质燃料化验室的专用制样破碎设备。其主要特点是：多功能设计，一台设备可同时满足秸秆类纤维物质及煤炭、矿石等颗粒物料试样的破碎，破碎比大。转子刀片采用对称设计，由特种耐磨材料经特殊处理后使用，具有高强度、高硬度，使用寿命长。可广泛使用于煤炭、电力、冶金、化工、地质等行业及科研单位化验室煤或其他颗粒物料试样的制备。特别适用于一般破碎机不能破碎的水分比较大的煤炭及高强度、高硬度的物料。

（1）结构原理　采用冲击式破碎原理，由进料机构、破碎机构、传动机构及底座组成。物料进入破碎机内，受到高速旋转的转子刀片离心力的剪切冲击，获得一定的动能，物料与腔体内壁相互撞击、摩擦，破碎后通过排料口进入缩分系统。缩分系统由传动机构和缩分器导杆组成，缩分器作水平方向往复运动全面切割物料。缩分器的格槽朝两个方向出料，将切割的物料进一步分割，使一部分收取，一部分舍弃。这样连续不断，达到在物料的不同部位有规律地采取若干点，使所制取的试样能代表全部送入机器的物料。

（2）性能特点

① 全密封设计、无粉尘污染，符合环保要求。

② 破碎腔改用钢件焊接而成，改变了原铸件易破碎的现象。

③ 全宽度锤头，对物料进行全面断面破碎，工作腔不堵塞，无死角存样现象。

④ 适于水分含量大的样料，连续完成破碎、混样、缩分，破碎时不损失样料水分。

⑤ 缩分器部分采用不锈钢，改变了原白铁皮材料易生锈堵料的现象。

⑥ 出料粒度均匀，制样效率高。

⑦ 操作、维护、清扫均十分方便。

⑧ 一切传动部件均有防护设施，符合安全生产要求。

⑨ 运转平稳，噪声低，底部有脚轮，移动方便。

三、分析设备

X 射线荧光光谱仪见图 8-4。

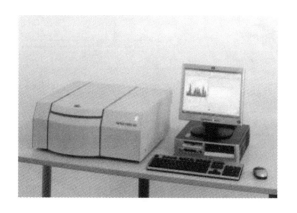

图 8-4　X 射线荧光光谱仪

1. 工作原理

仪器由激发源（X 射线管）和探测系统构成。X 射线管产生入射 X 射线（一次射线），激励被测样品。样品中的每一种元素会放射出二次 X 射线，并且不同的元素所放出的二次射线具有特定的能量特性。探测系统测量这些放射出来的二次射线的能量及数量。然后，仪器软件将探测系统所收集的信息转换成样品中的各种元素的种类及含量。

2. 优点

分析速度高。测定用时与测定精密度有关，但一般都很短，2～5min 就可以测完样品中的全部元素。

荧光光谱和样品的化学结合状态无关，而且和固体/粉末/液体及晶质/非晶质等物质的状态也基本上无关。

非破坏分析。在测定中不会引起化学状态的改变，也不会出现试样飞散现象。同一试样可反复多次测量，结果重复性好。

X射线荧光分析是一种物理分析方法，对化学性质上属同一族的元素也能进行分析。

分析精密度高。制样简单，固体/粉末/液体样品等都可以分析。

3. 缺点

难于作分析，定量分析需要标样。对轻元素的灵敏度要低一些，容易受到相互元素干扰和叠加峰的影响。

四、滴定设备

T5自动电位滴定仪见图8-5。

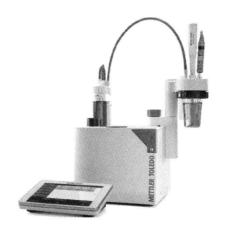

图 8-5　T5 自动电位滴定仪

优点如下。

（1）自动电位滴定仪是根据滴定过程中电位突越判定终点，不同于手动滴定过程用指示剂判定终点。电位滴定仪的高分辨率和准确度可避免不同操作人员、根据不同经验、使用不同指示剂，得出不同的滴定结果，确保任何使用人员都能得到统一的滴定结果。

（2）电位滴定仪采用20000步驱动加液，滴定精度$0.5\mu L$，远远高于手动滴定的$0.05mL$；保证每一位操作人员都能达到极高的滴定准确性。

（3）电位滴定仪可用于国标中要求的各类电位滴定方法，如酸碱滴定、沉淀滴定、氧化还原滴定、络合滴定、恒pH滴定、永停滴定、容量法卡尔费休水分测定、库仑法卡尔费休水分测定、溴指数测定等。

（4）不同滴定方法可预设快捷启动键，每个用户可设置最常用的 24 个滴定方法为快捷启动键；操作人员只需点击快捷键即可实现一键滴定；节省操作人员编辑操作方法和步骤的时间，提高滴定实验效率。

（5）电位滴定仪采用分离式的中文彩色触摸屏设计，中文触摸屏可以延伸到安全距离；避免易挥发样品和有毒有害样品与操作人员接触；最大限度地保护操作人员的安全。

（6）自动电位滴定仪标配红、绿、黄三种指示灯，操作人员可以根据指示灯颜色直观判断仪器使用的状态，如正常、故障、运行中。方便仪器操作人员和设备保管人员实时监控和了解仪器的运行状态，节省仪器巡检的时间，提高工作效率。

（7）SmartSample（无线传输）功能已经内置于电位滴定仪上，可实现单个样品从天平到滴定仪的无线数据传输，避免了因手工输入导致的抄录错误。提高操作人员滴定实验的工作效率，确保称量数据和实验结果的准确性。

（8）根据样品量情况，可以配置不同规格自动进样器，一次可连续运行多个样品测量；省去滴定实验的等待时间，操作人员可同时去开展其他任务分析，提高工作效率。

第九章

电石生产安全知识

第一节　电石炉各岗位安全操作知识

一、配电岗位

1. 开车准备

（1）检查通信设施、操作系统、监控系统、各类报警装置等是否异常。

（2）仪器仪表是否正常显示相应数据（水温、水压、炉压、炉温、电流、电压、料位、远程控制信号等）。

（3）消防设备设施、应急救援设施是否完好。

（4）液压系统是否完好。

（5）变压器油冷却器是否正常开启，油温、流量是否正常。

（6）UPS控制电源运行是否正常。

（7）确认电石炉净化系统已投入运行，将荒气烟道蝶阀置于关闭状态。

2. 正常运行安全操作要点

（1）关注DCS控制画面数据，确认运行负荷、功率因数、电流等指标是否超过控制要求。

（2）DCS系统有报警信号时，及时通知相关人员，必要时采取紧急停车措施。

（3）关注DCS控制画面中现场CO报警仪显示数值及报警情况，数值超标报警时及时通知现场人员撤离，并确认现场强制通风设施是否启动。

（4）严格按照电极管理规定压放电极，将电极压放时间间隔控制在30~120min以内（焙烧电极时除外），严禁赶压电极。

（5）严格控制电极长度在工艺指标范围内，避免电极过长、入炉过深导致炉底烧穿。

（6）时刻关注炉膛压力波动情况，保持炉膛压力在-5~10Pa之间。

3. 停炉安全操作要点

（1）停电后先活动电极，关闭加热元件，10min后关闭加热风机，20min后方可打开荒气烟道蝶阀，退出净化系统。

（2）将三相电极坐实并使用炉料将电极裸露部位掩埋，防止电极氧化。

（3）停炉后严禁立即断水，防止冷却设备烧损。

（4）停炉后按照每2h活动一次电极的原则进行活动电极操作，防止电极与炉料黏结，停电6h后禁止活动电极。

二、巡检岗位

巡检过程中必须双人双岗巡检，佩戴好便携式CO检测仪，并时刻关注数值变化，当出现报警时，立即撤离现场。一氧化碳报警仪见图9-1。巡检岗位其他安全注意事项见第五章相关内容。

图 9-1　一氧化碳报警仪

三、出炉岗位

（1）检查智能出炉机器人是否运行正常。智能出炉机器人见图9-2，出炉操作界面见图9-3。

图 9-2　智能出炉机器人

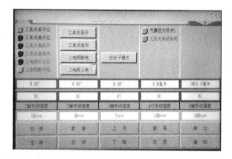

图 9-3　出炉操作界面

（2）检查出炉工具是否符合出炉条件，控制手柄见图 9-4，出炉钢钎见图 9-5。

图 9-4　控制手柄

图 9-5　出炉钢钎

（3）检查电石锅内是否有杂物，当炙热电石遇到含有水分的物体会引发着火或爆炸。

（4）检查钢丝绳是否有断股情况，是否按要求放置在地轮上，防止在钢丝绳运行时发生断裂，造成钢丝绳伤人事故。

（5）检查地轮是否牢靠，防止在使用过程中地轮飞出造成人员伤害。

（6）检查智能机器人、出炉工具、出炉烧穿装置、智能机器人上电装置、出炉小车、电石锅及二楼操作台等设备的正常运行。

图 9-6　智能出炉机器人开炉眼操作

（7）开炉眼（智能出炉机器人开炉眼操作见图 9-6）前仔细检查通水炉舌、炉墙有无漏水点，防止炙热电石与水接触发生爆炸。

（8）出炉操作前，操作人员必须按要求穿着阻燃服、防砸伤劳保鞋、隔热面罩、安全帽、披肩帽、防尘口罩。

四、净化岗位

（1）检查电石炉净化系统运行情况及参数调整，净化岗位 DCS 操作界面见图 9-7。

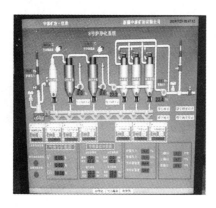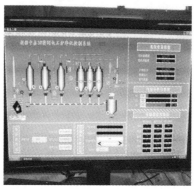

图 9-7　净化岗位 DCS 操作界面

（2）检查电石炉炉压与炉气输送管道压力的平衡工作。

（3）检查净化系统、电石炉附属除尘系统的正常运行情况。

（4）检查气力输送系统（见图 9-8）的运行与调整。

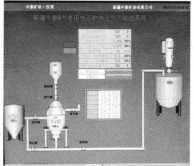

图 9-8　净化岗位气力输送系统

五、冷却岗位

（1）当电石在冷却厂房进行冷却时，严禁人员靠近，防止因炙热电石急速冷却时发生裂缝，导致人员烫伤。

（2）使用行车进行夹吊电石时，吊物下方严禁站人，防止电石在夹吊过程中坠落，导致人员砸伤及烫伤。

（3）在使用行车作业前，需认真检查各行车断电限位器是否正常，防止在操作过程中出现人员触电事故。

（4）在冷却厂房作业时，严禁跨越运行中的钢丝绳，防止因钢丝绳断裂导致人员伤害。

（5）冷却厂房作业人员，必须佩带防尘口罩、安全帽、防尘眼镜、阻燃服、隔热面罩。

（6）待装电石车中严禁驾、乘，防止电石坠落导致人员砸伤。

（7）装车作业前检查电石吊运工具完好，无开焊、断裂。

（8）检查厂房是否有漏水点，防止下雨天漏水炙热电石接触雨水时发生爆炸，导致人员烫伤。

（9）检查电石冷却厂房挡雨板、防雨篷布、防洪沙袋是否齐全、完好，保证下雨天能够正常遮挡雨水进入厂房。

第二节 电石生产消防知识

一、火灾的定义及分类

（1）凡在时间和空间上失去控制的灾害性燃烧现象称为火灾（GB 5907.1—2014）。

（2）国家标准《火灾分类》（GB/T 4968—2008）中，根据物质燃烧特性将火灾分为六类。

A 类火灾：指固体物质火灾，这种物质往往具有有机物性质，一般在燃烧时能产生灼热的余烬，如木材、棉、毛、麻、纸张火灾等。

B 类火灾：指液体火灾和可熔化的固体物质火灾，如汽油、煤油、原油、甲醇、乙醇、沥青、石蜡火灾等。

C 类火灾：指气体火灾，如煤气、天然气、甲烷、乙烷、丙烷、氢气火灾等。

D 类火灾：指金属火灾，如钾、钠、镁、钛、锆、锂、铝镁合金火灾等。

E 类火灾：指带电火灾。物体带电燃烧的火灾。

F 类火灾：指烹饪器具内的烹饪物（如动植物油脂）火灾。

（3）引发火灾的条件是可燃物、氧化剂和点火源同时存在，相互作用。

（4）消除或控制点火源

① 防止撞击、摩擦产生火花。

② 防止高温物体表面引起着火；对一些自燃点较低的物质，尤其需要注意。

③ 消除静电：在易燃易爆场所，所有可能发生静电的设备、管道、装置、系统都应当有效接地；增加工作场所的空气湿度；使用静电中和器等。

④ 消除电路隐患：对可能产生电器短路的电路进行消缺，防止电器短路产生电火花。

⑤ 防止明火：生产过程中的明火主要是指加热用火、维修用火等。

（5）灭火的原理：破坏燃烧过程中维持物质燃烧的条件，只要失去其中任何一个条件，燃烧就会停止。

二、灭火的基本方法

（1）窒息灭火法 即阻止空气流入燃烧区或用惰性气体稀释空气，使燃烧物质因得不到足够的氧气而熄灭。在火场上应用窒息法灭火时可采用石棉布、浸湿的棉被、帆布、沙土等不可燃物或难燃材料覆盖燃烧物或封闭孔洞。

（2）冷却灭火法 将水、泡沫、二氧化碳、干粉等灭火剂直接喷洒在燃烧着的物体上，将可燃物的温度降到燃点以下来终止燃烧。

（3）隔离灭火法 将燃烧物质与附近未燃的可燃物质隔离或疏散开，使燃烧因缺少可燃物质而停止。

隔离灭火法常用的具体措施如下。

① 将可燃、易燃、易爆物质和氧化剂从燃烧区移至安全地点。

② 关闭阀门，阻止可燃气体、液体流入燃烧区。

③ 用泡沫材料覆盖已着火的可燃液体表面，把燃烧区与可燃液体表面隔开，阻止可燃蒸气进入燃烧区。

（4）化学抑制灭火法 将化学灭火剂喷向火焰，让灭火剂参与燃烧反应，从而抑制燃烧过程，使燃烧熄灭。

在灭火中，应根据可燃物的性质、燃烧特点、火灾大小、火场的具体条件及消防技术装备的性能等实际情况选择一种或几种灭火方法。

① 如对电器火灾宜用窒息灭火法，而不能用水浇的方法。

② 对油火宜用化学灭火剂。

③ 对电石宜用干粉灭火剂。

无论采用哪种灭火方法，都要重视初期灭火，力求在火灾初起时迅速将火扑灭。

火场上火势发展大体经过四个阶段，即初起阶段、发展阶段、猛烈阶段、下降和熄灭阶段。有45%以上的初起火灾是现场人员扑灭的。

三、预防火灾爆炸事故的基本措施

具体来说就是消除导致火灾爆炸的物质条件和消除、控制点火源。

1. 消除导致火灾爆炸灾害的物质条件

（1）尽量不使用或少使用可燃物。

（2）生产设备及系统尽量密闭化。

（3）采取通风措施。

（4）合理布置生产工艺。

（5）惰性气体保护。

2. 消除或者控制点火源

（1）防止撞击、摩擦产生火花。

（2）防止高温表面引起着火。

（3）消除静电，有两条途径：一是控制工艺过程，抑制静电的产生；二是加快静电的泄放或者中和，限制静电的积累，使之不超过安全限制。

（4）预防雷电火花引发火灾事故。

（5）防止明火。

四、动火作业六大禁令

（1）动火证未经批准，禁止动火。

（2）不与生产系统可靠隔绝，禁止动火。

（3）不清洗、置换合格，禁止动火。

（4）不消除周围易燃物，禁止动火。

（5）不按时作动火分析，禁止动火。

（6）没有防火措施，禁止动火。

在禁火区不准抽烟和使用明火；不准穿有铁钉的鞋进入禁火区；禁止用铁器等物敲打禁火区内的设备。

对怕热、怕潮的危险化学物品，要采取隔热、防潮措施。

性质不稳定的危险化学物品应经常检查、测温、化验，防止自燃爆炸。

每张动火证的有效时间以动火证注明时间为准，每张动火证只能在指定的一个地点有效。

凡在含有易燃易爆介质的管道、设备、容器上动火的，动火前必须用氮气置换清洗，并经取样分析合格后方可进行。

五、不同物质的着火可采用的灭火器

（1）普通可燃物质的着火，如房屋着火，主要用水和泡沫灭火。

（2）易燃液体着火，如石油及石油产品着火，不能用水灭火，可用干粉、二氧化碳和泡沫等灭火。

（3）易燃气体着火，如氢气、石油气体等着火，应用密集流或二氧化碳、干粉灭火，同时要切断气源。

（4）酸类液体着火，硫酸，要用干粉、泡沫等灭火，不要直接用水流，以防酸液飞溅。

（5）电气着火，应首先切断电源，然后采用灭火手段，可用四氯化碳、二氧化碳或干粉灭火，不得使用蒸汽和泡沫。

六、主要消防工具的使用方法

（1）手提式泡沫灭火器（见图 9-9） 右手握着压把，左手托着灭火器底部，轻轻地取下灭火器。用右手提着灭火器筒上面的提手，迅速到达火灾现场。在距离着火点5m处，整个人蹲下，将灭火器放置在地上，双腿一前一后，用右手握住灭火器喷嘴（喷嘴朝着火处），左手执筒底边缘，站立起身，把灭火器颠倒过来呈垂直状态，用劲上下晃动几下，喷嘴对准着火点，然后放开喷嘴。右手抓筒耳，左手抓筒底边缘，把喷嘴朝向燃烧区，站在离火源8m远的地方喷射，并不断前进，兜围着火焰喷射，直至把火扑灭。

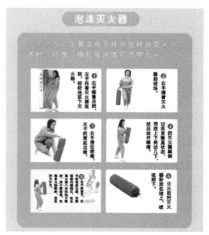

图 9-9　手提式泡沫灭火器

（2）手提式二氧化碳灭火器（见图 9-10） 将灭火器上下颠倒几次，使里面的干粉松动；拔掉保险销，一般为铅封或者塑料保险销，直接用手拉住拉环，将保险销拉掉；拉掉保险销后，一只手握住压把，另一只手抓好喷管，将灭火器竖直放置；当用力按下压把时，干粉便会从喷管里面喷出；喷射时，要对准火焰根部，站在上风向，离火焰根部3m左右。

（3）推车式干粉灭火器（见图 9-11） 灭火时手握干粉喷枪，伸展喷射软管，拔出保险销，提起阀门手把，打开喷枪球阀，对准火焰根部，扫射推进，注意死角以免复燃，喷管不要弯曲。

（4）蒸汽 将蒸汽释放到燃烧区，使燃烧区氧含量降低到一定程度，火即熄灭。对于自燃点低于蒸汽温度的燃烧物不能使用；对于一些易挥发的溶剂使用时要慎重，喷射时要垂直切割火焰要部，将燃烧与空气隔开，否则蒸汽温度将促使可燃物大量挥发，火焰扩大。还要注意不要把蒸汽喷到人身上，以免被烫伤。

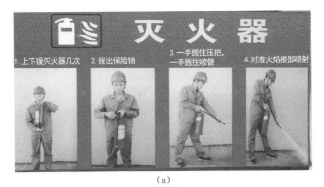

(a)

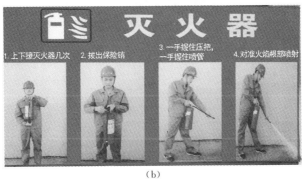

(b)

图 9-10　手提式二氧化碳灭火器使用方法

1.检查压力是否正常，正常压力1.0～1.4MPa

2.拔掉铅封

3.拉出拉环

4.拉直导管

5.握住喷嘴，距离火源3～5m

6.另一人向上提阀门，直至完全打开

图 9-11　推车式干粉灭火器使用方法

（5）消防水带（见图 9-12）　打开消火栓门，取出水带、水枪，检查水带及接头是否良好，如有破损严禁使用。向火场方向铺设水带，避免扭折。将水带靠近消火栓端与消火栓连接，连接时将连接扣准确插入滑槽，按顺时针方向拧紧。将水带另一端与水枪连接（连接程序与消火栓连接相同）。连接完毕后，至少有 2 人握紧水枪，对准火场（勿对人，防止高压水伤人）。缓慢打开消火栓阀门至最大，对准火场根部进行灭火。

图 9-12　消防水袋

七、相关名词解释

（1）燃烧　指可燃物与氧化剂作用发生的放热反应，通常伴有火焰、发光、发烟的现象。物质燃烧需要同时具备可燃物、助燃物和着火源这三要素。

（2）爆炸　物质由一种状态迅速转变成另一种状态，并在瞬间放出大量能量，同时产生具有声响的现象叫做爆炸，爆炸可分为物理性爆炸和化学性爆炸。

① 物理性爆炸　工业上指气体、液体、蒸汽压力大大超过机械器具或容器的极限压力而发生的爆炸。

② 化学性爆炸　因物质本身起化学反应，产生大量气体和高温而发生的爆炸，如炸药的爆炸，可燃气体、液体蒸气和粉尘与空气（一定浓度的氧气）混合物的爆炸等。

（3）爆炸极限　可燃物质（可燃气体、蒸气和粉尘）与空气（或氧气）必须在一定的浓度范围内均匀混合，形成预混气，遇着火源才会发生爆炸，这个浓度范围称为爆炸极限，或爆炸浓度极限。形成可燃气体的最低浓度为爆炸下限，最高浓度为爆炸上限。

（4）闪点　在规定的条件下，将油品加热，随着油温升高，油蒸汽在空气中的浓度也随着增加。当升到某一温度时，油蒸汽和空气组成的混合物中，油蒸汽含量达到可燃浓度，若把火焰靠近这种混合物，它就会闪火，产生这种现象的最低温度称闪点。

（5）自燃点　可燃物质与空气混合后均匀加热到不需要明火而自行着火的最低温度。

（6）燃点　即着火点。指火源接近可燃物质能使其发生持续燃烧的最低温度。

第三节　劳动防护用品的选择和使用

劳动防护用品是指由生产经营单位为从业人员配备的，使其在劳动过程中免遭或者减轻事故伤害及职业危险的个人防护用品，分为特种劳动防护用品和一般劳动防护用品。本节只选取电石生产过程中被广泛使用的几种劳动防护用品进行介绍。

一、过滤式防毒面具

过滤式防毒面具（图 9-13），是防毒面具最为常见的一种，主要由面罩主体和滤毒件两部分组成。面罩起到密封并隔绝外部空气和保护口鼻面部的作用。滤毒件内部填充物主要成分为活性炭，由于活性炭内部结构为形状不同、大小不一的孔隙，可吸附粉尘。在活性炭的孔隙表面，浸流了铜，银、铬金属氧化物等化学药剂，吸附的毒气与其发生化学反应，使毒气丧失毒性。新型活性炭药剂采用分子级渗涂技术，能使浸渣药品以分子级厚度均匀附着到载体活性炭的有效微孔内，使防毒药剂具有最佳的质量性能比。

图 9-13　过滤式防毒面具

1. 对毒剂蒸气的防护作用

（1）毛细管的物理吸附。

（2）化学药剂与毒剂发生的化学变化。

（3）空气中的氧气和水，在化学药剂的催化作用下，与毒剂发生反应。

以上这些，对现有已知毒剂均能达到可靠的防护作用。

2. 功能特点

（1）面具密合框为反折边，佩戴舒适，易气密。

（2）面具五根拉带可以随意调节，可松紧适宜。

（3）面具的镜片保护层采用阻水罩结构，可保证面罩在使用过程中性能良好。

（4）面具的大眼窗镜片由光学塑料制成，视野开阔，具有良好的光学和耐冲击性能。

（5）面具还装有通话器，通话传声清晰，传声损失小。

3. 佩戴方法

佩戴防毒面具时，使用者首先要根据自己的头型大小选择合适的面具。佩戴防毒面罩时，将中、上头带调整到适当位置，并松开下头带，用两手分别抓住面罩两侧，屏住呼吸，闭上双眼，将面罩下巴部位罩住下巴，双手同时向后上方用力撑开头带，由下而上戴上面罩，并拉紧头带，使面罩与脸部确实贴合，然后深呼一口气睁开眼睛。

检查面罩佩戴气密性的方法是：用双手掌心堵住呼吸阀体进出气口，然后猛吸一口气，如果面罩紧贴面部，无漏气即可，否则应查找原因，调整佩戴位置，直至气密。

佩戴时应注意不要让头带和头发压在面罩密合框内，也不能让面罩的头带爪弯向面罩内，使用者在佩戴面具之前应当将自己的胡须剃刮干净。

4.5 号（CO 型）小型滤毒罐

接口标准：可与硅胶防毒面具全面罩配套使用也可与所有符合 EN1481 标准的防毒面具配套使用。

质量：265g。

材质：铝。

标色：白色。

防毒类型：一氧化碳（单一防毒）。

防护对象：一氧化碳。

5 号（CO 型）小型滤毒罐按照国标 GB 2890—2009 标准生产、包装、标色、检验。采用优化的罐体内部结构设计，内部结构件及外壳均采用全铝制造并进行阳极氧化处理，具有重量轻、强度高、耐腐蚀、体积小、呼吸阻力小、防毒时间长等特点。内部所装填防毒材料为高效载体活性炭药剂，在活性炭药剂装填量减少，重量减轻的同时，防毒时间较国内同类产品大幅提高，防毒时间 30min，透过量 52mL，累积量 42mL，后 10min 加权量 49mL，呼阻力仅为 88.2Pa、重量轻，佩戴者长时间佩戴不易产生疲劳感。

小型滤罐见图 9-14。

图 9-14　滤罐

表 9-1 列出了各种小型滤毒罐规格。

⊡ **表 9-1 小型滤毒罐规格**

产品型号及规格	材质	质量	GB 2890—2009 标色	防护对象举例	防毒类型
1号（B型）小型滤毒罐	铝	210g	灰色	无机气体或蒸气：氢氰酸、氯化氢、砷化氢、光气、双光气、氯化苦、苯、溴甲烷、二氯甲烷、芥子气、磷化氢	综合防毒
3号（A型）小型滤毒罐	铝	210g	褐色	有机气体与蒸气：苯氯气、丙酮、醇类、苯胺类、二氯化碳、四氯化碳、氯甲烷、硝基烷、氯化苦	综合防毒
4号（K型）小型滤毒罐	铝	210g	绿色	氨、硫化氢	单一防毒
5号（CO型）小型滤毒罐	铝	265g	白色	一氧化碳	单一防毒
7号（E型）小型滤毒罐	铝	210g	黄色	酸性气体和蒸气：二氧化硫、氯气、硫化氢、氮的氧化物、光气、磷和含氯有机农药	综合防毒
8号（H2S型）小型滤毒罐	铝	210g	蓝色	硫化氢或氨	单一防毒

二、正压式空气呼吸器

正压式空气呼吸器主要适用于消防、化工、船舶、仓库、实验室、自来水厂、油气田等部门，在火灾、有毒有害气体及窒息等恶劣环境中，工作人员佩戴该呼吸器可以自救逃生、进行事故处理及工业性作业等工作。

（一）特点

（1）供气阀供气流量大，性能稳定，呼气阻力小，使佩戴使用者在任何环境下作业都感到呼吸轻松自如。

（2）面罩视野宽，透明清晰，胶体柔软，密封效果好。

（3）面罩与供气阀的连接采用插口式，装卸速度快，操作十分简便。

（4）面罩上设有传声膜片，使佩戴者有清晰的通信效果。

（5）所有的连接都采用快速插接，操作十分简便、快捷。

（二）主要技术参数

（1）气瓶公称工作压力 30MPa。

（2）气瓶水容积 6.8L。

（3）呼吸阻力（流量为 30L/min）<680Pa。

（4）报警起始压力 4～6MPa。

（5）质量（不包括空气）＜8.0kg。

（6）气瓶材料为碳纤维复合材料。

（7）主要外形尺寸（不包括面具）550mm×140mm×185mm。

（三）结构及工作原理

1. 工作原理

该呼吸器是以压缩空气为供气源的隔绝开路式呼吸器。当打开气瓶供气阀时，储存在气瓶内的高压空气通过气瓶供气阀进入减压器组件。高压空气被减压为中压，中压空气经中压管进入安装在面罩上的供气阀，根据使用者的呼吸要求，能提供大于200L/min的空气。同时，面罩内保持高于环境大气的压力，当人吸气时，供气阀膜片根据使用者的吸气而移动，使阀门开启，提供气流。当人呼气时，供气阀膜片向上移动，使阀门关闭，呼出的气体经面罩上的呼气阀排出，当停止呼气时，呼气阀关闭，准备下一次吸气，这样就完成一个呼吸循环过程。供气阀上还设有节省气源的装置，即防止在系统接通（气瓶供气阀开启），戴上面罩之前气源的过量损失，使用者转动开关，把膜片抬起，使供气阀关闭；使用者戴上面罩，吸气产生足够的负压，使膜片向下移动，将供气阀阀门打开，向使用者供气。

2. 结构

气瓶材料为碳纤维复合材料，额定储气压力为30MPa，容积为68L。气瓶阀上装有过压保护膜片，当空气瓶内压力超过额定储气压力的1.5倍时，保护膜片自动卸压；气瓶阀上还设有开启后的止退装置，使气瓶开启后不会被无意间关闭。

3. 注意事项

（1）不准在有标记的高压空气瓶内充装任何其他种类的气体，否则可能发生爆炸。

（2）避免将高压空气瓶暴露在高温下，尤其是太阳直接照射。

（3）禁止沾染任何油脂。

（4）每个高压空气气瓶附有高压空气瓶合格证，必须妥善保管，不得丢失。

（5）高压空气瓶和瓶阀每三年需进行复检，复检可以委托制造厂进行。

（6）不得改变气瓶表面颜色。

（7）避免气瓶碰撞。

（8）严禁混装、超装压缩空气。

（9）如无充气设备，可到国家认可的充气站充气。

4. 主要部件

（1）减压器 减压器组件安装于背板上，通过一根高压管与气阀相连接，减压器的主要作用是将空气瓶内的高压空气降压为低而稳定的中压，供给供气阀使用。减压器属于逆流式减压器，性能特点是膛室压力随着气瓶工作压力的下降而略有增加，使自动肺在整个使用过程中，自动供给流量不低于起始流量。出厂时减压器已经调试好，没有经过培训的人员不能擅自拆卸。

（2）报警哨　报警哨的作用是为了防止佩戴者遗忘观察压力表指示压力，而出现气瓶压力过低，不能安全退出灾区。报警哨的起始报警压力为 4～6MPa，当气瓶的压力为报警压力时，报警哨发出哨声报警（但在刚佩戴时打开气瓶瓶阀后，由于输入给报警哨的压力由低逐渐升高，经过报警压力区间时，也要发出短暂的报警声，证明气瓶中有高压空气的存在，而不是报警）。报警哨报警后，按一般人行走速度为 4.5km/h 计算，到空气消耗到 2MPa 为止，可佩戴 9～10min，行走距离为 350m 左右，但由于佩戴者呼吸量不同，做功量不同，退出灾区的距离不同，佩戴者应根据不同的情况确定退出灾区所需的必要气瓶压力（由压力表显示），不能机械地理解为报警后，才开始撤离灾区，佩戴过程中必须经常观察压力表，防止报警哨万一失灵，而出现由于压力过低，无法安全地退出灾区。报警哨出厂时已经调整好并固定，没有检测设备，不能擅自调整。

（3）供气阀　供气阀的主要作用是将中压空气减压为一定流量的低压空气，为使用者提供呼吸所需的空气。供气网可以根据佩戴者呼吸量大小自动调节阀门开启量，保证面罩内压力长期处手正压状态。供气阀设有节省气源的装置，可防止在系统接通（气瓶供气阀开启）、戴上面罩之前气源的过量损失。

（4）面罩　面罩由天然橡胶和硅橡胶混合材料制成。面罩中的内罩能防止镜片出现冷凝气，保证视野清晰；面罩上安装有传声器及呼吸阀。面罩通过快速接头与供气阀相连接，面罩有进口和国产两种，用户可根据需要进行配置。

（5）压力表　压力表是用来显示瓶内压力的部件。

5. 仪器的佩戴和使用

（1）佩戴气瓶　将气瓶阀向下背上气瓶，通过拉肩带上的自由端，调节气瓶的上下位置和松紧，直到感觉舒适为止。

（2）扣紧腰带　将腰带公扣插入母扣内，然后将左右两侧的伸缩带向后拉紧，确保扣牢。

（3）佩戴面罩　将面罩上的五根带子放到最松，把面罩置于使用者脸上，然后将头带从头部的上前方向后下方拉下，由上向下将面罩戴在头上。调整面罩位置，使下巴进入面罩下面凹形内，先收紧下端的两根颈带，然后收紧上端的两根头带及顶带，如果感觉不适，可调节头带松紧。

（4）面罩密封　用手按住面罩接口处，通过吸气检查面罩密封是否良好，深呼吸，此时面罩两侧应向人体面部移动，人体感觉呼吸困难，说明面罩气密良好，否则再收紧头带或重新佩戴面罩。

（5）装供气阀　将供气阀上的接口对准面罩插口，用力往上推，当听到咔塔声时，安装完毕。

（6）检查仪器性能　完全打开气瓶阀，此时，应能听到报警哨短促的报警声，否则，报警哨失灵或者气瓶内无气，同时观察压力表读数。气瓶压力应不小于 28MPa，通过几次深呼吸检查供气阀性能，呼气和吸气都应舒畅、无不适感觉。

（7）使用　正确佩戴仪器且经认真检查后即可投入使用。

使用过程中要注意随时观察压力表和报警器发出的报警信号，报警器音响在 1m 范围内声级为 90dB。

使用结束后，先用手捏住下面左右两侧的颈带扣环向前一推，松开颈带，然后再松开头带，将面罩从脸部由下向上脱下。转动供气阀上旋钮，关闭供气阀。公扣榫头，退出母扣。放松肩带，将仪器从背上卸下，关闭气瓶供气阀。

身体健康并经过训练的人员才允许佩戴呼吸器，准备时应有监护人员在场。准备工作的内容有：从快速接头上取下中压管，观察压力表，读出压力值。若气瓶内压力小于 28MPa 时，则应充气；佩戴人员必须把胡须刮干净，以避免影响面罩和面部贴合的气密性；擦洗面罩的视窗，使其有较好的透明度。

三、隔热面罩

隔热面罩如图 9-15 所示。设有 U 形透明面罩、金属箍带，以及与金属箍带端头相连的柔性系带。金属箍带包括内、外箍带，夹在 U 形透明面罩的上端；在内箍带的外侧，设有与之相连的 U 形槽带，具有结构简单、成本低、重量轻和便于炉前观察等优点。

图 9-15　隔热面罩

四、阻燃服

阻燃服是个体防护用品中应用最为广泛的品种之一，阻燃服有隔热、反射、吸收、炭化隔离等屏蔽作用，保护劳动者免受明火或热源的伤害。阻燃服面料中的阻燃纤维可使燃烧速度大大减慢，且在火源移开后马上自行熄灭，而且燃烧部分迅速炭化不产生熔融、滴落或穿洞，使作业者有时间撤离燃烧现场或脱掉身上燃烧的衣服，减少或避免烧伤烫伤，达到保护的目的。

1. 阻燃服配围身

采用方便耐用又安全的绝缘组扣。上身防火阻燃服有安全方便的内置口袋，袖口均配置可调扣。在款式上一般为三紧式：紧袖口、领口、裤口；消防员一般使用 4 层阻燃服，而普通工作通常为 1 层。

阻燃服主要有两种，一种是加速纤维脱水炭化，使可燃物质减少来达到阻燃效果，例如 Indura 面料的氨处理和 Proban 对棉布的处理；还有一种是通过化学过程改变纤维的内在结构，减少可燃组分，达到阻燃的目的，例如 Nomex、PBl 和 PR97TM 等。阻燃服见图 9-16。

图 9-16　阻燃服

2. 面料选用

根据不同的要求可选择不同的阻燃服。

（1）普通要求选用全棉阻燃面料、CVC 阻燃面料。

（2）中档要求选用 C/N 棉锦面料、腈棉阻燃面料。

（3）高档要求选用芳纶阻燃面料。

五、口罩

1. 防尘口罩

（1）防尘口罩是防止或减少空气中粉尘进入人体呼吸器官，从而保护生命安全的个体保护用品。

（2）材料：目前的防尘口罩大多采用内外两层无纺布，中间一层过滤布（熔喷布），如图 9-17 和图 9-18 所示。

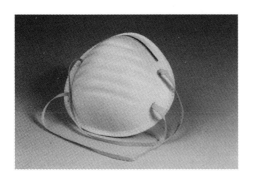

图 9-17　口罩正面

图 9-18　口罩反面

（3）过滤原理：过滤微尘主要靠中间的过滤布，由于熔喷布本身具有带静电的特点，可吸附体积极小的微粒。由于微尘吸附在过滤布上，而过滤布带静电不能水洗，所以防尘口罩均是一次性的。

防尘口罩的外层往往积聚许多空气中的灰尘、细菌等污物，而里层阻挡着呼出的细菌、唾液，因此两面不能交替使用。

口罩不戴时，应叠好并将紧贴口鼻的一面向内折好，切忌随便塞进口袋或挂在脖子上。

2. 空气过滤口罩

简称过滤式口罩，含有害物的空气通过口罩的滤料过滤净化后再被人吸入。

过滤式口罩是日常工作中使用最广泛的一大类，见图 9-19。过滤式口罩的结构分为两大部分：一是面罩主体，可简单理解为是口罩的支架；二是滤材部分，包括用于防尘的过滤棉以及防毒的化学过滤盒等。使用同一种面具主体，在粉尘作业环境中需要防尘时，配上与之相应的过滤棉，相当于戴了一个防尘口罩；需要在有毒环境中防毒时，换下过滤棉，安装上与之相应的化学过滤盒，就变成了防毒口罩。也可根据工作需要，选择更多的组合。

3. 口罩清洁

若过滤式防尘口罩被呼出的热气或唾液弄湿，其阻隔病菌的作用会大大降低，所以，最好多备几只口罩，以便替换使用。口罩应坚持每天清洗和消毒，不论是纱布口罩还是空气过滤面罩都可以用加热的方法进行消毒，具体做法如下。

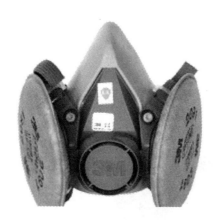

图 9-19　过滤式口罩

（1）清洗　先用软刷蘸洗涤剂轻轻刷净面罩，然后用清水冲洗干净。注意不要用力过大而损坏面罩本体。

（2）消毒　将洗净的口罩放入 2% 的过氧乙酸溶液中浸泡 30min 或在开水里煮20min 或放在蒸锅里蒸 15min，晾干备用，此方法适用于纱布口罩和碗形面罩。

（3）检查　再次使用前，应仔细检查口罩和面罩是否完好，对纱布口罩和面罩都可以采取透光检查法，即拿到灯前照看，有无明显的光点，中间部分与边缘部分透光率是否一致，如有问题应更换，面罩和口罩在清洗 3～7 次以后一般要更新，质量特别好的口罩可以清洗 10 次。活性炭吸附式口罩要注意定期更换活性炭夹层，如果活性炭夹层是不可更换新，用到 7～14d 就要换新，不能清洗后再重复使用。

4. 佩戴须知

（1）选择防灰尘率比较高的口罩。

（2）选择口罩时，注意口罩的开口设计与自身脸型的配合度，只有选择与人脸型十分贴合的口罩，才能更好地将口鼻与外界空气隔绝开来。

（3）口罩应满足佩戴方便、感觉舒服的基本要求。

（4）不适宜佩戴口罩的情况：如果患有呼吸系统疾病，或心脏方面有问题，则不适宜佩戴口罩；孕妇不适宜佩戴口罩；佩戴口罩后出现头晕，呼吸困难的情况，或皮肤特别敏感，也不适合佩戴口罩。

六、隔音耳塞

1. 耳塞分类

（1）海绵类耳塞　泡沫材质、高弹性聚酯材料制成的防噪声耳塞，表面光滑，回弹慢，使用时耳朵没有胀痛感，隔声效果 25～40dB。该种耳塞非常适合每晚睡眠使用，但由于清洗后慢回弹效果会减弱而无法反复使用，一般来说海绵耳塞都是一次即弃型。随着科学的发展，目前市面上也有一些海绵耳塞是可以反复使用达半年以上并可擦洗的，如图 9-20 所示。

（2）蜡制耳塞　蜡制耳塞是防噪声耳塞的鼻祖，用手可将其捏软，做成适合耳道的形状，缺点是不够卫生，蜡也有可能残留在耳道内，不易清洗，而且戴久了耳朵会有痛感觉，如图 9-21 所示。

图 9-20　海绵类耳塞

图 9-21　蜡制耳塞

（3）硅胶耳塞　一般来说硅胶制作的耳塞都可反复使用，但由于硅胶的柔软性太低，长期佩戴往往会造成耳道不适，甚至胀痛感；又由于硅胶不如海绵柔软，无法紧贴耳道壁，隔声效果不如海绵类耳塞理想。

2. 耳塞类型

防噪声耳塞最为普遍的形状是子弹头形，也有火箭形（T字形）、喇叭形，圆柱形以及三角形等。

子弹头形耳塞使用较多、比较舒适且隔声效果良好。火箭形方便拔出，但容易造成耳道内空隙，隔声效果不理想。喇叭形中心坚硬，便于耳塞插入，为硅胶材料。圣诞树形一般为硅胶材料，使用稍有胀痛感，多用于劳保型耳塞以及游泳耳塞。宝塔形是子弹头形的衍生。圆柱形耳塞柔软度很高，可轻易捏成适合耳道的形状，但对比子弹头和火箭形，由于两头同宽，进入耳道的一端不易搓成适合耳道的大小。

3. 使用方法

搓细：将耳塞搓成长条状，搓得越细越容易佩戴。塞入，拉起上耳角，将耳塞的2/3塞入耳道中。

按住：按住耳塞约20s，直至耳塞膨胀并堵住耳道。

拉出：取出耳塞时，将耳塞轻轻地旋转拉出。

4. 鉴别好坏

（1）慢回弹效果　弹性太大，防噪声耳塞膨胀时压迫外耳道皮肤，可引起耳胀、耳痛等不适；弹性太小则不能与外耳道紧密接触，隔声效果降低，所以必须观察耳塞的回弹速度，回弹时间越长则质量越好。

（2）柔软度　柔软度直接影响耳塞佩戴的舒适程度。

（3）表面质感　有些耳塞摸起来发黏，藏在耳朵里会粘住耳道的皮肤，应尽量避免使用。最好的鉴别方式是把两只耳塞紧紧地粘在一起再分离，看它们分离的时间，越快越好。

5. 注意事项

使用前洗净双手。佩戴前对耳道进行清理，减少分泌物残留。轻按耳塞30s直至耳塞完全膨胀定型。及时对耳塞进行更换或清洗。

七、护目镜

防护眼镜是一种滤光镜，可以改变透过光强和光谱，避免辐射光对眼睛造成伤害。这种眼镜可以吸收某些波长的光线，而让其他波长光线透过，所以呈现一定的颜色，所呈现颜色为透过光颜色，有吸收式和反射式两种，前者用得最多，见图9-22。

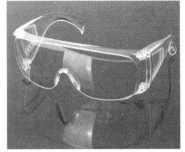

图 9-22　护目镜

1. 吸收式

吸收式滤光镜（图 9-23）是利用镜片对某些波长光的吸收，以减少射入眼内的光强。主要有遮阳眼镜、电气焊用护目镜、蓝色护目镜、激光护目镜、微波护目镜等。

蓝色护目眼镜有两种，一种用氧化铁和氧化钴着色，用它看灯丝为紫红色；另一种用氧化铜、氧化锰着色，用它看灯丝为白色。它们都能全部吸收 500～600nm（人眼可见光敏感区）波段的耀眼眩光，在 400nm 处的光线透过率在 12％以下，对紫外线也有一定吸收作用，适用于各种工业高温炉炉前操作人员佩戴。

2. 反射式

吸收式滤光镜因镜片吸收某些光线，变成热量放出，特别是红外线和其他一些波较长的光线，易产生热量的积累，使眼睛感觉不舒服。若采用反射滤光镜则能很好地解决这一问题。在镜片表面镀上一层折射率比镜片本身折射率高的膜层，就会增大光线的反射，减少光线的透过光强，保护眼睛不受到强光和有害射线的伤害。实际工作、生活中，很多情况是吸收式和反射式联合起来使用，即在有色镜片上再镀一层高反射膜，使滤光作用更强，如电焊、氩弧焊、等离子切割等操作人员佩戴的护目镜。

图 9-23　吸收式滤光镜

第四节　职业健康知识

一、职业病危害因素与分布

电石生产存在的主要职业危害因素为可能导致尘肺危害的电石粉尘、焦炭粉尘、石灰粉尘，可能导致中暑的物理因素高温和可能导致人员中毒的一氧化碳。

二、职业危害因素对人体的伤害

1. 电石粉尘危害

电石炉气粉尘粒径小于 $5\mu m$ 的占 44%，而对人体危险最大的粉尘粒径为 $5\mu m$。电石在生产和破碎过程中可能产生石灰粉尘及电石粉尘等，若防护不当，长期接触可造成粉尘危害，甚至可引起尘肺病。

① 碳化钙能造成皮肤损害，引起皮肤瘙痒、炎症、"鸟眼"样溃疡、黑皮病，接触的工人常出现汗少、牙釉质损害、龋齿发病率增高的问题。

② 碳化钙可能含有的杂质磷酸钙或砷酸钙，遇湿后释放出磷或砷的气体，两者均为剧毒物，碳化钙遇湿放出的乙炔对人也有危害。

③ 电石生产过程产生的粉尘，对人的呼吸器官、眼睛及皮肤都有危害。

电石粉尘危害因素主要产生在冷破厂房破碎机岗位、电石车辆装卸岗位。

产生原因：电石在破碎过程中由于振动产生粉尘；电石冷却后来不及拉运产生风化，形成粉末；装车吊运及刮风天气时易产生粉尘；厂房内卫生打扫、清理现场时产生粉尘。

防范措施如下：

① 员工按规定佩戴防尘口罩，防尘及肩帽。

② 加强电石破碎除尘设备的巡检力度，定期维护保养，确保设备运行完好。

③ 加大现场检测频次，特别是不同时间段、不同地点的抽样检测。针对检测出的不合格地点，及时采取相应的防护措施。

④ 做好电石的出库拉运工作，避免因停放时间长电石风化而产生二次粉尘。

2. 一氧化碳危害

① 物理危险性：该物质较空气重，可沿地面扩散流动。

② 化学危险性：一氧化碳在常温常压下为无色、无臭、无味、无刺激性的气体，在空气中可燃，燃烧时发出蓝色火焰。与空气混合形成爆炸性混合物。与酸、碱和水不起反应。在高温高压下，与铁、铬、镍等金属反应生成羰基金属，与氯结合形成光气，与羰基金属结合形成羰基金属化合物。具有还原作用，在室温下有锰及铜的氧化物存在时，一氧化碳可氧化成 CO_2，有一种防毒面具正是利用了这一原理。

③ 吸入风险：一氧化碳是有毒气体，在没有任何刺激的情况下进入人体，慢慢引起中毒，人难以感觉到它的存在。当空气中一氧化碳含量为 0.16％~0.2％（1600~2000μg/g）时，人吸入 1h 后会中毒死亡，而浓度增加到 0.5％以上时，人吸入 15min 后即中毒死亡。安全浓度控制在 0.01％以下，才能确保人身安全。

④ 存在一氧化碳的主要岗位：电石炉二楼至四楼、电石炉净化岗位、石灰窑岗位。

⑤ 产生原因：

a. 电石炉内焦炭与石灰反应生产电石的同时，生成了大量的一氧化碳气体，正常情况下一氧化碳经净化系统净化后通过煤气管道送至石灰窑。但在炉内发生塌料，炉压增高时，一氧化碳气体可能从电石炉炉盖板防爆孔、炉门、密封套等设备不密封的地方泄出，飘向二楼、三楼半及四楼。

b. 净化系统部分设备如粗气风机、净化风机等压盖密封不严也存在泄漏一氧化碳的危险。

c. 经净化系统净化后一氧化碳通过增压风机增压再送至石灰窑，增压风机设备密封不好时，也会发生一氧化碳的泄漏。

d. 石灰窑上、下燃烧梁处，由于设备老化、密封不严也会发生一氧化碳的泄漏。

防范措施如下。

① 对各岗位班组巡检人员配发便携式一氧化碳检测仪。

② 在通风不良，一氧化碳容易集聚的地点，安装固定式一氧化碳报警器。

③ 经常对员工进行一氧化碳危害因素相关知识的培训，让每一位员工掌握预防措施。

④ 要求每次作业至少有两人共同执行。

⑤ 加强设备的巡检力度，对发生泄漏一氧化碳的部位及时处理。

3. 高温危害

人体通过呼吸、出汗、毛细血管的扩张向外散热，在高温作业环境下，若人体产生的热量大于散热量时，会出现热积蓄，促使呼吸和心率加快，皮肤表面血管的血流量增加，有时可达正常的 7 倍之多，称为热应激效应。如果水分丧失达体重的 5％~8％，而未能及时得到补充时，就可能发生水盐平衡失调，出现无力、口渴、尿少、脉搏加快、体温升高等症状。高温还可降低肌体对化学物质毒害作用的耐受度，使毒物对肌体的毒害作用更加明显。高温也可使肌体的免疫力降低，抗体形成受抑制，抗病能力下降。此外，在高温下作业，会使动作的准确性、协调性、反应速度以及注意力降低。

中暑是在高温环境下肌体散热机制发生障碍而引起的急性疾病。在高温环境下，体内产热多而散热困难，当肌体通过一系列体温调节作用，仍不能维持产热和散热的平衡时，可使肌体大量蓄热、失水、失盐，导致中暑的发生。一般气温超过 34℃，热辐射强度在 1050W/m² 以上时，就有中暑可能。在劳动强度大，持续劳动时间长，缺乏工间休息和休息条件不良等情况下容易发生中暑。此外，过度疲劳、睡眠不足、过度肥胖，体弱多病及病后未恢复等，都可能成为引发中暑的因素。新接触高温作业的工人，由于尚未适应环境，也很容易发病。

产生高温危害因素的主要岗位：各电石车间出炉岗位、巡检岗位、行车岗位、烘干窑岗位、石灰窑司窑岗位。

产生原因：

① 电石炉正常生产过程中产生大量的热。出料过程中，电石为熔融状，温度高达2000℃左右，电石接入电石锅内的冷却过程散发大量的热，使作业现场温度升高。

② 烘干窑烘干炉生产中，需要大量的热去除炭材中的水分，致使炉内产生的热向外扩散，工作现场温度升高。

③ 石灰窑上、下燃烧梁处，一氧化碳燃烧产生大量的热。

防范措施如下：

① 生产现场员工的休息室安装空调，员工轮流休息。

② 改善工作条件，配备防护设施、设备，加强生产场所通风及散热；提供足够清洁的淡盐饮用水，提供防暑降温清凉饮料和水果，准备藿香正气水及仁丹等防暑降温药品，禁止有高温禁忌症的员工从事岗位作业。

4. 噪声危害

长期在噪声环境中工作，在强声作用下，容易引起耳蜗基底膜损伤，产生听觉疲劳后，如果仍然长期无防护地在强烈噪声环境中持续工作，听力损失逐渐加重，严重的会造成噪声性耳聋。噪声具有强烈的刺激性，如果长期作用于中枢神经系统，可以使大脑皮质的兴奋和抑制过程平衡失调，导致自主神经功能紊乱，表现为神经衰弱、头痛、头晕、失眠、多汗、乏力、恶心、易激动、注意力不集中、记忆力减退、神经过敏、反应迟钝，严重时全身虚弱，体重下降，容易并发或加重其他疾病，个别的甚至发展成精神错乱。噪声干扰下，使人感觉烦躁不安、容易疲劳、分散注意力、反应迟钝，使差错率明显上升，劳动生产率下降 $10\% \sim 15\%$。当噪声达到 85dB 以上，正常工作秩序可能受到影响，此时必要的指令、信号和危险警报被噪声掩盖，工伤事故和产品质量事故会明显增多，所以噪声不仅能影响工作效率，减低工作质量，还将影响企业的安全生产。

防范措施如下：

① 给易产生噪声岗位的员工配发耳塞并监督检查使用情况。

② 加强现场作业管理，减少现场作业时间。

③ 采用新材料、新技术、新设备，改善现场条件，降低噪声分贝。

5. 电焊烟气危害

焊接有害因素分化学有害因素和物理有害因素两大类。前者主要是焊接烟尘和有害气体，后者有电弧辐射、高频电磁场、放射线和噪声等，危害面最广的是焊接烟尘和有害气体。

焊接烟尘和有害气体的产生及其成分与所用的焊接方法和焊接材料密切相关。长期吸入较高浓度粉尘可引起肺部弥漫性、进行性纤维化为主的全身疾病（尘肺）；局部接触或吸入粉尘，对皮肤、角膜、黏膜等产生局部的刺激作用，并产生一系列的病变。如粉尘作用于呼吸道，早期可引起鼻腔黏膜机能亢进，毛细血管扩张，久之便形成肥大性鼻炎，最后由于黏膜营养供应不足而形成萎缩性鼻炎。还可形成咽炎、喉炎、气管及支气管炎。

防护措施如下：

① 改善作业场所的通风状况。通风方式分为自然通风和机械通风，其中机械通风的除尘、排烟效果较好，因而在自然通风较差的场所，封闭或半封闭结构焊接时，必须有机械通风措施。值得注意的是，许多手工电弧焊场所，特别在夏天使用风扇直接吹散烟尘通风，会造成烟尘弥漫整个厂房，危害更大。

② 加强个人防护。加强个人防护可以有效地防止焊接时产生的有毒气体和粉尘的危害。焊接作业人员必须使用符合职业病卫生要求的防尘面罩、防尘口罩；若在封闭或半封闭机构内工作时，还需佩戴送风面罩。

③ 强化职业卫生宣传教育，增强自我防护意识。对电焊作业人员进行必要的职业卫生知识教育，提高其职业卫生意识，自觉遵守职业卫生管理制度，做好自我防护。

第五节　危险化学品知识

电石行业所接触的危险化学品主要有碳化钙、一氧化碳、乙炔、氧气、氧化钙等。

一、碳化钙

（1）理化特性和主要成分　CaC_2 为黄褐色或黑色的块状固体，纯品为无色晶体（CaC_2 含量较高时为紫色）。密度 $2.22g/m^3$，熔点 $2000℃$（与 CaC_2 含量有关），遇水立即发生激烈反应，生成乙炔并放出热量。电石含量不同，熔点也随之变化。

因电石中常含有砷化钙（$CaAs_2$）、磷化钙（CaP_2）等杂质，与水作用时同时放出砷化氢（AsH_3）、磷化氢（$pH1$）等有毒气体，可通过浓 H_2SO_4 和重铬酸钾洗液除去。

（2）健康危害　长期不愈及慢性溃疡型。接触工人出现汗少、牙釉质损害、龋齿发病率增高等症状。

（3）危险特性　干燥时不燃，遇水或湿气能迅速产生高度易燃的乙炔气体，在空气中达到一定的浓度时，可发生爆炸。与酸类物质能发生剧烈反应。

（4）操作处理　密闭操作，全面排风。操作人员必须经过专门培训，严格遵守操作规程。建议操作人员佩戴自吸过滤式防尘口罩，戴化学安全防护眼镜，穿化学防护服，戴橡胶手套。避免粉尘与酸类、醇类接触。尤其要注意避免与水接触。搬运时要轻装轻卸，防止包装及容器损坏。配备泄漏应急处理设备。倒空的容器可能残留有害物。

① 皮肤接触 立即脱去污染的衣着，用大量流动清水冲洗至少 15min，就医。

② 眼睛接触 立即提起眼睑，用大量流动清水或生理盐水彻底冲洗至少 5min，就医。

③ 吸入 脱离现场至空气新鲜处。保持呼吸道通畅。如呼吸困难，输氧。如呼吸停止，立即进行人工呼吸，就医。

（5）应急处理 隔离泄漏污染区，限制出入。切断火源。应急处理人员戴自给正压式呼吸器，穿化学防护服。不能直接接触泄漏物。少量泄漏时，用砂土、干燥石灰或苏打灰混合覆盖。使用无火花工具收集于干燥、洁净、有盖的容器中，转移至安全场所。大量泄漏时，用塑料布、帆布覆盖。与有关技术部门联系，确定清除方法。

二、乙炔

俗称风煤、电石气，分子式 C_2H_2，分子量 26.04，是炔烃化合物中体积最小的一员，主要作工业用途，特别是切割焊接金属。乙炔在室温下是一种无色、极易燃的气体。纯乙炔无臭，但工业用乙炔由于含有硫化氢、磷化氢等杂质，而有股大蒜的气味。

（1）物理性质 纯乙炔为无色、芳香气味的易燃、有毒气体。而工业电石制的乙炔因混有硫化氢、磷化氢、砷化氢，而带有特殊的臭味。熔点（11.656kPa）－80.8℃，沸点－84℃，相对密度 0.6208（4℃），折射率 1.0005（0℃），闪点－17.78℃，自燃点 305℃。在空气中爆炸极限 2.3%～72.3%（体积分数）。在液态和固态下或在气态和一定压力下有猛烈爆炸的危险，受热、震动、电火花等因素都可能引发爆炸，因此不能在加压液化后储存或运输。微溶于水，溶于乙醇、苯、丙酮。在15℃和1.5MPa时，乙炔在丙酮中的溶解度为237g/L，溶液稳定。

（2）化学性质 化学性质很活泼，能发生加成、氧化、聚合及金属取代等反应。

① 可燃性：

$$2C_2H_2 + 5O_2 \longrightarrow 4CO_2 + 2H_2O \text{（条件：点燃）}$$

现象：火焰明亮、带浓烟，燃烧时火焰温度很高（＞3000℃），用于气焊和气割，其火焰称为氧炔焰。

② 被 $KMnO_4$ 氧化能使紫色酸性高锰酸钾溶液褪色。

$$C_2H_2 + 2KMnO_4 + 3H_2SO_4 =\!=\!= 2CO_2 + K_2SO_4 + 2MnSO_4 + 4H_2O$$

③ 可以和 Br_2、H_2、HX 等物质发生加成反应。

现象：溴水褪色或 Br_2 的 CCl_4 溶液褪色，所以可用酸性 $KMnO_4$ 溶液或溴水区别炔烃与烷烃。

与 H_2 的加成 $$CH \equiv CH + H_2 \longrightarrow CH_2 = CH_2$$

与 HX 的加成 $CH \equiv CH + HCl \longrightarrow CH_2 = CHCl$

（3）用途 乙炔可用于照明、焊接及切割金属（氧炔焰），也是生产乙醛、醋酸、苯、合成橡胶、合成纤维等的基本原料。

（4）操作管理 密闭操作，全面通风，操作人员必须经过专门培训，严格遵守操作规程。操作人员穿防静电工作服。使用防爆型的通风系统和设备。防止气体泄漏到工作场所空气中。在传送过程中，钢瓶和容器必须接地和跨接，防止产生静电。搬运时轻装轻卸，防止钢瓶及附件破损。配备相应品种和数量的消防器材及泄漏应急处理设备。

储存管理：乙炔的包装通常是溶解在溶剂及多孔物质中，装入钢瓶内；储存于阴凉、通风的库房；远离火种、热源；库温不宜超过 30℃；应与氧化剂、酸类、卤素分开存放，切忌混储；采用防爆型照明、通风设施，禁止使用易产生火花的机械设备和工具；储区应备有泄漏应急处理设备。

（5）应急处置

吸入：迅速脱离现场至空气新鲜处，保持呼吸道通畅，如呼吸困难，给予输氧，就医。

呼吸系统防护：一般不需要特殊防护，特殊情况下佩戴自吸过滤式防毒面具防护；高浓度接触时可戴化学安全防护眼镜。

身体防护：穿防静电工作服，戴一般作业防护手套。

其他防护：工作现场严禁吸烟，避免长期反复接触。进入罐、限制性空间或其他高浓度区作业，必须预先置换处理并分析合格，需有人监护。

泄漏应急处理：迅速撤离泄漏污染区人员至上风处，并进行隔离，严格限制出入，应急处理人员戴自给正压式呼吸器，穿防静电工作服，合理通风，加速扩散，喷雾状水稀释、溶解。构筑围堤或挖坑以收容产生的大量废水，如有可能，将泄漏气用排风机送至空旷地方或装设适当喷头烧掉，漏气容器要妥善处理，修复、检验后再用。

有害燃烧产物：一氧化碳、二氧化碳。

灭火方法：切断气源。若不能切断气源，则不允许熄灭泄漏处的火焰，喷水冷却容器，可能的话将容器从火场移至空旷处。

灭火剂：雾状水、泡沫、二氧化碳、干粉。

纯乙炔属微毒类，具有弱麻醉和阻止细胞氧化的作用。高浓度时排挤空气中的氧引起单纯性窒息作用。乙炔中常混有磷化氢、硫化氢等气体，故常伴有此类毒物的毒害作用。人接触 $100mg/m^3$ 能耐受 30～60min，20％时引起明显缺氧，30％时共济失调，35％时 5min 就引起意识丧失，在含 10％乙炔的空气中 5h 会有轻度中毒反应。

亚急性和慢性毒性：动物长期吸入非致死性浓度，出现血红蛋白、网织细胞、淋巴细胞增加和中性粒细胞减少现象，尸检有支气管炎、肺炎、肺水肿、肝充血和脂肪浸润。

三、一氧化碳

(1) 物理性质　在通常状况下，一氧化碳是无色、无臭、无味、难溶于水的气体，剧毒，熔点207℃，沸点-191.5℃。标准状况下气体密度为$1.25g/cm^3$，与空气密度相差很小，这也是容易发生煤气中毒的因素之一。

(2) 化学性质　具有可燃性和还原性。一氧化碳分子中碳元素的化合价是+2，能进一步被氧化成+4价，从而使一氧化碳具有可燃性和还原性。一氧化碳能够在空气中或氧气中燃烧，生成二氧化碳。

(3) 危险特性　一氧化碳是一种易燃易爆气体，与空气混合能形成爆炸性混合物，遇明火、高温能引起燃烧爆炸，与空气混合物爆炸极限12.5%～74.2%，自燃点608.89℃。

(4) 毒性　吸入一氧化碳对人体伤害极大，一氧化碳会结合血红蛋白生成碳氧血红蛋白，碳氧血红蛋白不能提供氧气给身体，发生血缺氧。

四、氧化钙

(1) 物理化学性质　俗名生石灰；分子式CaO；晶型为立方晶体；分子量56.08。

氧化钙为强氧化物，白色或带灰色块状或颗粒。对湿敏感。易从空气中吸收二氧化碳及水分。溶于水生成氢氧化钙并产生大量热，溶于酸类、甘油和蔗糖溶液，几乎不溶于乙醇。密度$3.32～3.35g/cm^3$，熔点2572℃，沸点2850℃，折射率1.838，有腐蚀性。

(2) 健康危害　氧化钙属碱性氧化物，与人体中的水反应，生成强碱氢氧化钙并放出大量热，有刺激和腐蚀作用。对呼吸道有强烈刺激性，吸入本品粉尘可致化学性肺炎。对眼和皮肤有强烈刺激性，可致灼伤。长期接触可致手掌皮肤角化、皲裂、指变形（匙甲）。

呼吸系统防护：可能接触其粉尘时，建议佩戴自吸过滤式防尘口罩。

眼睛防护：必要时戴化学安全防护眼镜。

防护服：穿防酸碱工作服。

手防护：戴橡皮手套。

其他：工作场所禁止吸烟、进食和饮水，饭前要洗手。工作毕，淋浴更衣。注意个人清洁卫生。

(3) 急救措施

皮肤接触：立即脱去被污染的衣着，先用植物油或矿物油清洗，再用大量流动清水冲洗，就医。

眼睛接触：提起眼睑，用植物油清洗，就医。

吸入：迅速脱离现场至空气新鲜处，保持呼吸道通畅。如呼吸困难，输氧；如呼吸停止，立即进行人工呼吸，就医。

食入：误服者用水漱口，给饮牛奶或蛋清，就医。

灭火方法：灭火剂选用二氧化碳、干沙、干粉。

第六节 现场急救知识

一、烧烫伤的处理

1. 冲

以流动的自来水冲洗或浸泡在冷水中，直到冷却局部并减轻疼痛，或者用冷毛巾敷在伤处至少10min。不可把冰块直接放在伤口上，以免使皮肤组织受伤。如果现场没有水，可用其他任何凉的、无害的液体，如牛奶或罐装的饮料。

2. 脱

在穿着衣服被热水烫伤时，千万不要脱下衣服，而是先直接用冷水浇在衣服上降温。充分泡湿伤口后小心除去衣物，如衣服和皮肤粘在一起时，切勿撕拉，只能将未粘连部分剪去（粘连的部分留在皮肤上以后处理），再用清洁纱布覆盖创面，以防污染。有水泡时千万不要弄破。

3. 泡

浸泡于冷水中至少30min，可减轻疼痛。但烧伤面积大或年龄较小的患者，不要浸泡太久，以免体温下降过度造成休克，而延误治疗时机。但当患者意识不清或叫不醒时，应停止浸泡，立即送医院。

4. 盖

如有无菌纱布可轻覆在伤口上。如没有，可让小面积伤口暴露于空气中，大面积伤口用干净的床单、布单或纱布覆盖。不要弄破水疱。

5. 送诊

速送往设置有整形外科的医院求诊。对严重烧烫伤患者，用凉水冲浸的时间要长一些，至少10min以上。第一时间打120急救电话，在急救车到来之前，检查患者的呼吸道、呼吸情况和脉搏，做好心肺复苏的急救准备，如监测呼吸次数和脉搏。

二、 CO中毒

1. CO中毒症状

（1）轻度 中毒时间短，血液中碳氧血红蛋白为10%～20%。中毒的早期症状，头痛、眩晕、心悸、恶心、呕吐、四肢无力，甚至出现短暂的昏厥，一般神志尚清醒，吸入新鲜空气，脱离中毒环境后，症状迅速消失，一般不留后遗症。

（2）中度 中毒时间稍长，血液中碳氧血红蛋白含量为30%～40%，在轻型症状的基础上，可出现虚脱或昏迷。皮肤和黏膜呈现煤气中毒特有的樱桃红色。如抢救及时，可迅速清醒，数天内完全恢复，一般无后遗症。

（3）重度　发现时间过晚，吸入煤气过多，或在短时间内吸入高浓度的一氧化碳，血液中碳氧血红蛋白含量常在50％以上，病人呈现深度昏迷，各种反射消失，大小便失禁，四肢厥冷，血压下降，呼吸急促，会很快死亡。一般昏迷时间越长，后遗症越严重，如痴呆、记忆力和理解力减退、肢体瘫痪等。

2. CO 中毒现场抢救

（1）轻度中毒　应立即使患者脱离有毒环境，解开脖颈处的衣扣、皮带，保证呼吸畅通，确保呼吸新鲜空气或吸氧。

（2）中度中毒　除使用轻度中毒的处理方法外还应撬开中毒者的口腔，检查是否有异物堵塞呼吸道，如有异物立即进行清理，并进行人工呼吸，且与中毒者进行交谈以防止昏迷，并活动四肢确保血液流通。

（3）重度中毒　对呼吸心跳停止者应立即进行人工呼吸和胸外心脏按压。人工呼吸通常采用口对口呼气法，即让患者平躺在空气流通处，使其口部张开，施救者一手捏闭伤员鼻孔然后向伤员口内吹气直至使伤员胸部上抬，吹气频率为每分钟16～18次。如伤员心跳停止应同时做胸外心脏按压。施救者掌贴伤员胸骨中下段，稳健用力向下按，使胸骨下陷约4cm，每分钟60～80次。可针刺昏迷者人中、少商、十宣、涌泉等穴位，有条件者可现场注射尼可刹米等中枢神经兴奋剂及能量合剂（细胞色素C、ATP、辅酶A、维生素C）后迅速送往医疗单位抢救。

3. 注意事项

① 员工在可能存在 CO 的场所出现头痛、眩晕、恶心、呕吐、四肢无力，甚至昏厥现象时，立即通过对讲机、电话或其他通信方式告知值班长。并通过观测现场 CO 报警设备报警情况，佩戴便携式 CO 检测仪、正压式空气呼吸器，两人前往救助中毒人员。将中毒人员转移至通风良好的地方进行救治。

② 当班值班长立即启动应急预案，迅速切断气源，通知中控工打开荒气烟道及石灰窑进行调节供气、清点人员并通知相关值班领导及相关部门。

③ 在确定无人员伤害、气源切断的情况下，通过氮气置换、强制通风之后，佩戴正压式空气呼吸器、便携式 CO 检测仪，双人前往事发地点查明事故原因，进行紧急处理。

④ 员工在可能存在 CO 的场所巡检过程中必须双人巡检，一前一后相距 3m，并时刻关注风向，尽量选择上风向巡检；佩戴便携式 CO 检测仪，当便携式 CO 检测仪显示 70ppm（1ppm＝1μL/L）时应立即撤离作业现场；佩戴通信工具，每 10min 通话一次，确定巡检人员方位及安全状况。

⑤ 当发现人员 CO 中毒时，立即通知值班长，并由值班长通知调度、医疗救护组，清点人数，封锁现场。

⑥ 严禁人员未经值班领导批准，在未做任何防护的情况下进入事故现场进行救护和强行抢险。

三、触电

人体直接接触电源，简称触电。人体能感知的触电和电压、时间、电流、电流通道、频率等因素有关。譬如人手能感知的最低直流电流为 5～10mA，对 60Hz 交流电的感知电流为 1～10mA。随着交流频率的提高，人体对其感知敏感度下降，当电流频率高达 15～20kHz 时，人体无法感知电流。

触电伤害有多种形式。电流通过人体内部器官，会破坏人的心脏、肺部、神经系统等，使人出现痉挛、呼吸窒息、心室纤维性颤动、心搏骤停甚至死亡。电流通过体表时，会对人体外部造成局部伤害，即电流的热效应、化学效应、机械效应对人体外部组织或器官造成伤害，如电灼伤、金属溅伤、电烙印。

电灼伤是电流的热效应造成的伤害，分为电流灼伤和电弧烧伤。电流灼伤是人体与带电体接触，电流通过人体由电能转换成热能造成的伤害。电弧烧伤是由弧光放电造成的伤害，分为直接电弧烧伤和间接电弧烧伤。前者是带电体与人体之间产生电弧，有电流流过人体的烧伤；后者是电弧发生在人体附近对人体的烧伤，包含熔化了的炽热金属溅出造成的烫伤。电弧温度高达 8900℃ 以上，可造成大面积、大深度的烧伤，甚至烧焦、烧掉四肢及其他部位。大电流通过人体，也可能烘干、烧焦机体组织。

触电现场表现：

① 轻伤：触电部位起水泡，组织破坏，损伤重的皮肤烧焦。

② 重伤：抽搐、休克、心律不齐，有内脏破裂。触电当时也可出现呼吸、心跳停止。

触电现场急救：

① 断总电源。如电源总开关在附近，则迅速切断电源。

② 脱离电源。用绝缘物（木制品、塑料制品、橡胶制品、书本、皮带、棉麻、瓷器等）迅速将电线、电器与伤员分离，要防止相继触电。

③ 心肺复苏。心跳、呼吸停止者应立即进行心肺复苏。

④ 包扎电烧伤伤口。

⑤ 速送医院。

四、物体打击

物体打击伤害是指由失控物体的惯性力造成的人身伤亡事故。物体打击会对建筑工作人员、巡检人员和过往行人的安全造成威胁，容易砸伤，甚至出现生命危险。特别在施工周期短，劳动力、施工机具、物料投入较多，交叉作业时常有出现。这就要求高处作业人员在机械运行、物料传接、工具的存放过程中必须确保安全，防止物体坠落伤人的事故发生。

物体打击事故发生的原因如下。

① 作业人员进入施工现场没有按照要求佩戴安全帽。

② 没有在规定的安全通道内活动。

③ 工作过程中的一般常用工具没有放在工具袋内,随手乱放。

④ 作业人员从高处向下抛掷建筑材料、杂物、建筑垃圾或向上递工具。

⑤ 脚手板未铺满或铺设不规范,物料堆放在临边及洞口附近。

⑥ 拆除工程未设警示标志,周围未设护栏或未搭设防护棚。

⑦ 起重吊运物料时,没有专人进行指挥。

⑧ 起重吊装未按"十不吊"规定执行。

⑨ 平网、密目网防护不严,不能很好地封住坠落物体。

⑩ 压力容器缺乏检查与维护。

五、常用的急救知识

1. 止血

(1) 指压止血 当身体大血管(动脉)出血时,直接用手指压迫出血处血管的上端(近心脏部),用力压骨头,达到止血的目的。人体大动脉示意图如图 9-24 所示。头面部动脉示意图如图 9-25 所示。

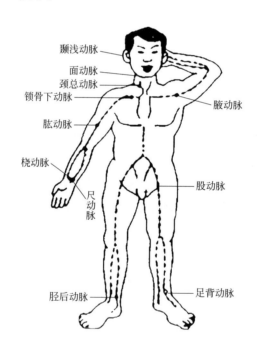

图 9-24 人体大动脉

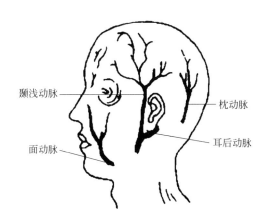

图 9-25 头面部动脉

指压颞浅动脉止头顶、额部、颞部的大出血如图 9-26 所示。指压面动脉止颜面部大出血（压下颌角前凹陷处）如图 9-27 所示。指压耳后动脉止耳后动脉大出血（压耳后乳突下凹陷处）如图 9-28 所示。指压尺、桡动脉止手部大出血（同时压手腕两侧）如图 9-29 所示。指压指（趾）动脉止指（趾）部大出血［指（趾）跟部两侧］如图 9-30 所示。指压股动脉止一侧下肢大出血（双拇指压腹股沟中点稍下方）如图 9-31 所示。指压胫前后动脉止脚部大出血（双手拇食指压足背前及足跟和内踝间动脉）如图 9-32 所示。

图 9-26　指压颞浅动脉

图 9-27　指压面动脉

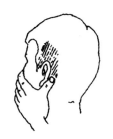

图 9-28　指压耳后动脉

图 9-29　指压尺、桡动脉

图 9-30　指压指动脉

图 9-31　指压股动脉

图 9-32　指压胫前后动脉

（2）止血带止血　只能用于四肢，主要有橡皮止血带、气性止血带、布制止血带等。

部位：上臂不能扎在中 1/3 部。

衬垫：必须有。

松紧度：以出血停止，远端摸不到搏动为宜。

时间：小于 5h，每小时放松一次，约 3min。

标记：标记时间和患者。

（3）压迫止血法　如图 9-33 所示，适用于较小的伤口，压迫不少于 10min。

（4）填塞止血法　如图 9-34 所示，适用于颈部和臀部大而深伤口，应先填塞再包扎。

2. 包扎

应用范围广，可保护创面、防止污染、止血止痛、固定敷料。包扎动作要轻、包扎要牢、松紧要适宜，保证伤口接触面无菌。

目的：简易止血、保护和固定伤口。

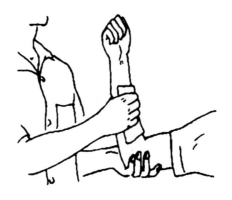

图 9-33　压迫止血法

图 9-34　填塞止血法

材料：主要有绷带、三角带等，如无上述物品，可以用清洁的毛巾、围巾、衣物替代。

包扎时力量以达到止血为准，包扎过程中，如发现伤口有骨折端外露，切忌将骨折端还纳，否则会导致深层感染。

腹壁伤致肠管外露时，应使用清洁的碗等物扣住外露肠管，达到保护目的，严禁将流出的肠管还纳。

3. 心肺复苏术（CPR）

心肺复苏（CPR）术，亦称基本命支持（basic life support，BLS），是针对由于各种原因导致的心搏骤停，在 4～6min 内所必须采取的急救措施之一。目的在于尽快挽救脑细胞在缺氧状态下的坏死（4min 以上开始造成脑损伤，10min 以上即造成脑部不可逆伤害），因此施救时机越快越好。心肺复苏术适用于心脏病突发、溺水、窒息或其他意外事件造成的意识昏迷并有呼吸及心跳停止状态。

一旦发现有人倒地，首先判断有无猝死。判断方法如下：

① 病人突然晕倒、神志丧失或先有短暂抽搐；

② 呼吸停止、颈根部摸不到血管搏动；

③ 面色苍白或发紫；

④ 瞳孔（即眼黑部分）散大。

抢救步骤：判断意识；立即呼救；放置 CPR 体位；开放气道；人工呼吸；胸外按压；判断。

复苏抢救前的步骤如图 9-35 所示。

心肺复苏按以下顺序进行：开放气道、口对口人工呼吸、人工循环（胸外心脏按压）。

(a) 判断意识　　　　(b) 呼救　　　　(c) 翻转为复苏体位　　　　(d) 开放气道

图 9-35　复苏抢救前的步骤

开放气道之前清理口腔（将病人头偏向侧），如图 9-36 所示。开放气道方法有仰头举颏法、双手抬颌法和仰头抬颈法，如图 9-37 所示。

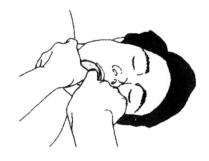

图 9-36　开放气道前清理口腔

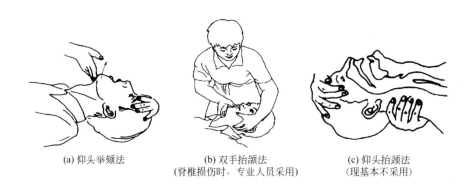

(a) 仰头举颏法　　　　　　(b) 双手抬颌法　　　　　　(c) 仰头抬颈法
　　　　　　　　　　　(脊椎损伤时，专业人员采用)　　　(现基本不采用)

图 9-37　开放气道方法

判断呼吸，若无自主呼吸，则进行人工呼吸，如图 9-38 所示。

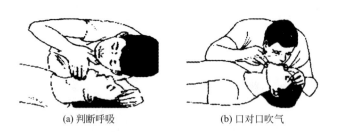

(a) 判断呼吸　　　　　　　(b) 口对口吹气

图 9-38　人工呼吸

判断呼吸的方法如图 9-39 所示。一听是否有呼吸声；二看是否胸廓起伏；三感觉是否有呼吸气流。口对口人工呼吸如图 9-40 所示，要领如下：仰头举颏打开气道；捏紧鼻孔；张大口包紧其口唇；始终保持气道开放；吹气时不能漏气；连吹 2 次；注意让病人呼气；确保胸部升起并维持 1s；频率 0~12 次/min。

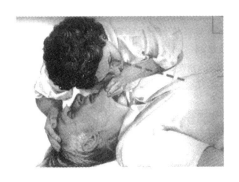

图 9-39　判断呼吸

图 9-40　口对口人工呼吸

胸外心脏按压如图 9-41 所示。

图 9-41　胸外心脏按压

4. 高空坠落急救

高空坠落伤是指日常工作或生活中，人体从高处坠落，受到高速的冲击力，使人体组织和器官遭到一定程度破坏而引起的损伤。多见于建筑施工和电梯安装等高空作业，通常有多个系统或多个器官的损伤，严重者当场死亡。高空坠落伤除有直接或间接受伤器官表现外，还有昏迷、呼吸窘迫、面色苍白和表情淡漠等症状，可导致胸腔、腹腔内脏组织器官发生广泛的损伤。高空坠落时一般足部或臀部先着地时，外力沿脊柱传导到颅脑而致伤；由高处仰面跌下时，背部或腰部受冲击，可引起腰椎前纵韧带撕裂，椎体裂开或椎弓根骨折，易引起脊髓损伤。脑干损伤时常有较重的意识障碍、光反射消失等症状，也可有严重合并症的出现。

（1）急救要点

① 去除伤员身上的用具和口袋中的硬物。

② 在搬运和转送过程中，颈部和躯干不能前屈或扭转，应使脊柱伸直，绝对禁止一个抬肩一个抬腿的搬法，以免发生或加重截瘫。

③ 创伤局部妥善包扎，但对怀疑颅底骨折和脑脊液漏患者切忌作填塞，以免导致颅内感染。

④ 颌面部伤员首先应保持呼吸道畅通，摘除假牙，清除移位的组织碎片、血凝块、口腔分泌物等，同时松解伤员的颈、胸部纽扣。若舌已后坠或口腔内异物无法清除时，可用 12 号粗针穿刺环甲膜，维持呼吸，尽可能早作气管切开。

⑤ 复合伤要求平仰卧位，保持呼吸道畅通，解开衣领扣。

⑥ 周围血管伤，压迫伤部以上动脉干至骨骼。直接在伤口上放置厚敷料，绷带加压包扎以不出血和不影响肢体血循环为宜。当上述方法无效时可慎用止血带，原则上尽量缩短使用时间，一般以不超过 1h 为宜，做好标记，注明上止血带时间。

⑦ 有条件时迅速给予静脉补液，补充血容量。

⑧ 快速平稳地送医院救治。

（2）注意事项

① 遇到意外伤害发生时，不要惊慌失措，应尽量保持镇静，并设法维持好现场秩序。

② 在周围环境不危及生命条件下，一般不要轻易随便搬动伤员。

③ 暂不要给伤病员喝任何饮料和进食。

④ 如发生意外而现场无人时，应向周围大声呼救，请求来人帮助或设法联系有关部门，不要单独留下伤病员无人照管。

⑤ 遇到严重事故、灾害或中毒时，除急救呼叫外，还应立即向有关政府、卫生、防疫公安、新闻媒介等部门报告，如现场位置、情况、病伤员数量、伤情、做过什么处理等。

⑥ 根据伤情对病员边分类边抢救，处理的原则是先重后轻、先急后缓、先近后远。

⑦ 对呼吸困难、窒息和心跳停止的伤病员，迅速置头于后仰位、托起下颌，使呼吸道畅通，同时进行人工呼吸、胸外心脏按压等复苏操作，原地抢救。

⑧ 对伤情稳定，估计转运途中不会加重伤情的伤病员，迅速组织人力，利用各种交通工具分别转运到附近的医疗单位救治。

⑨ 现场抢救一切行动必须服从有关领导的统一指挥，不可各自为政。

（3）现场急救 是指当危重急症以及意外伤害发生，短时间内对伤病者生命造成严重危害，抢救者利用现场所提供的人力、物力为伤病者采取及时有效的初步救助措施。

① 常见生命指征

a. 神志清楚，体温 36.6～37.2℃。

b. 呼吸：正常人每分钟呼吸 16～18 次。

c. 血液循环：正常人每分钟心跳男性为 60～80 次，女性为 70～90 次。

d. 瞳孔：正常时等大等圆，遇光则迅速缩小。

e. 血压：成人的血液约占其体重的 8%。

呼吸停止、心跳停止、双侧瞳孔固定散大是死亡的三大特征。出现尸斑则为不可逆的死亡。

② 现场急救的关键

a. 抓住救命的黄金时刻：事发后几分钟至十几分钟。

b. 依靠第一目击者：培训能对现场急重病人进行正确救护的人，不能单纯等待医护人员到现场抢救。

c. 现场救护：立足现场对病人实施及时有效的初步救护。

d. 启动救援医疗服务系统—120：通信灵敏，反应迅速，24h 服务。

e. 生命链：早期通路、早期心肺复苏、早期心脏除颤、早期高级生命支持。每一个人都应该学习自救互救知识和技术。

③ 现场急救原则　先复苏后固定；先止血后包扎；先重伤后轻伤；先救治后运送；急救和呼救并重；脱离危险环境；解除呼吸道梗阻；处理活动出血；解除气胸所致的呼吸困难；伤口处理；离断肢体的保存；抗休克。

参考文献

［1］江军．浅谈密闭电石炉电极安全管理及对策．化工管理，2014（6）：84.

［2］熊谟远．电石生产及其深加工产品．北京：化学工业出版社，2006.

［3］冯召海．电石生产节能技术与工艺．北京：化学工业出版社，2014.

［4］中国电石工业协会组织编写．密闭电石炉电极管理．北京：化学工业出版社，2011.

［5］朱建东．电石安全生产培训教程．北京：化学工业出版社，2014.

［6］胡文军．电石生产的节能降耗．聚氯乙烯，2018（4）：15-19.

［7］纪晓玲．电石安全生产的注意事项探讨．化工管理，2018（6）：206-207.